稲富流膝台打放の構えをとる砲術師

（稲富流鉄砲絵馬，慶長17年，愛知・足助八幡宮蔵）

長池山出土の玉，「かたふた」という玉（右下）の一種がある

（新潟・上越市教育委員会写真提供）

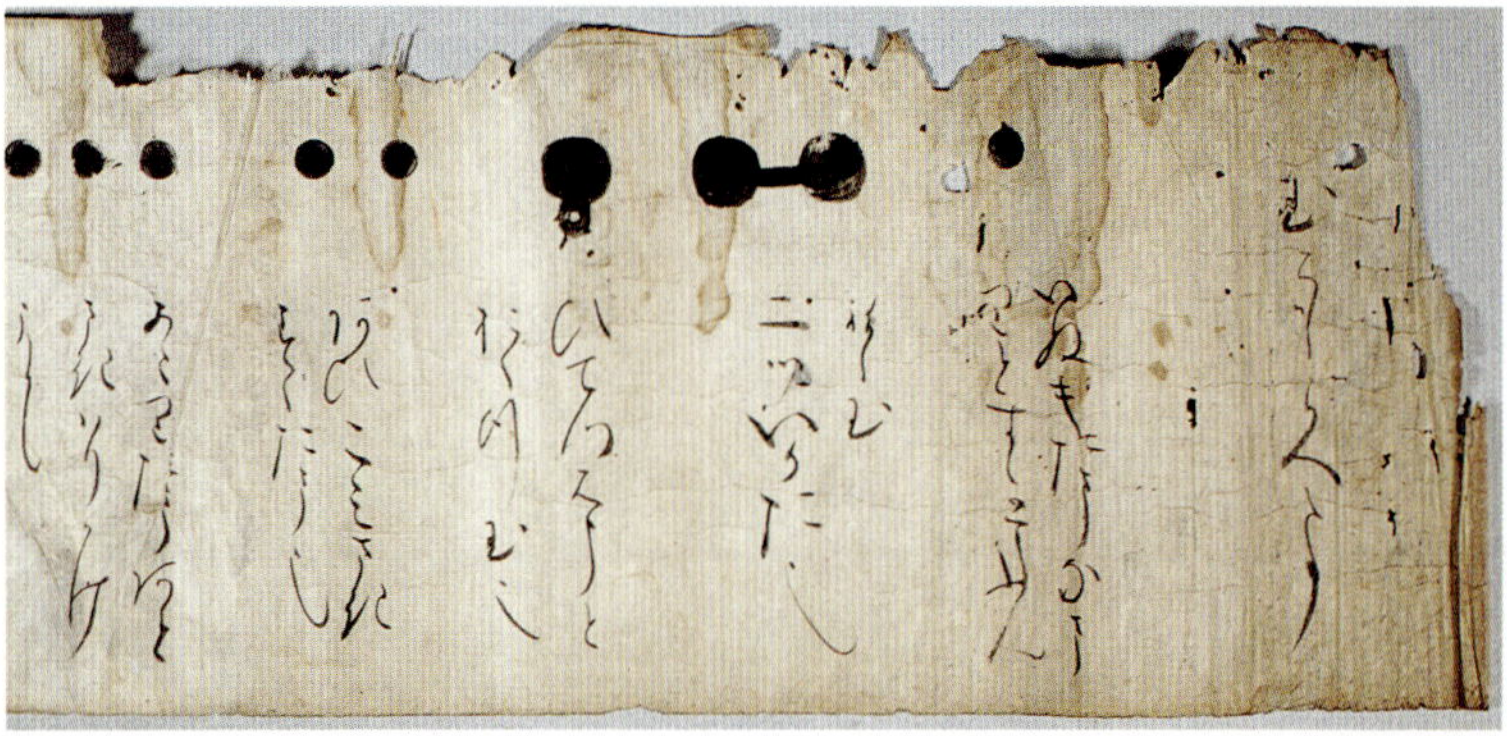

「玉こしらえの事」の巻頭部分（天正13年，国立歴史民俗博物館蔵）
はじめに「いぬきたま」の記載がある。

「玉こしらえの事」の部分（同前）
三角玉のあとに「あとさきかたふた」とみえる。

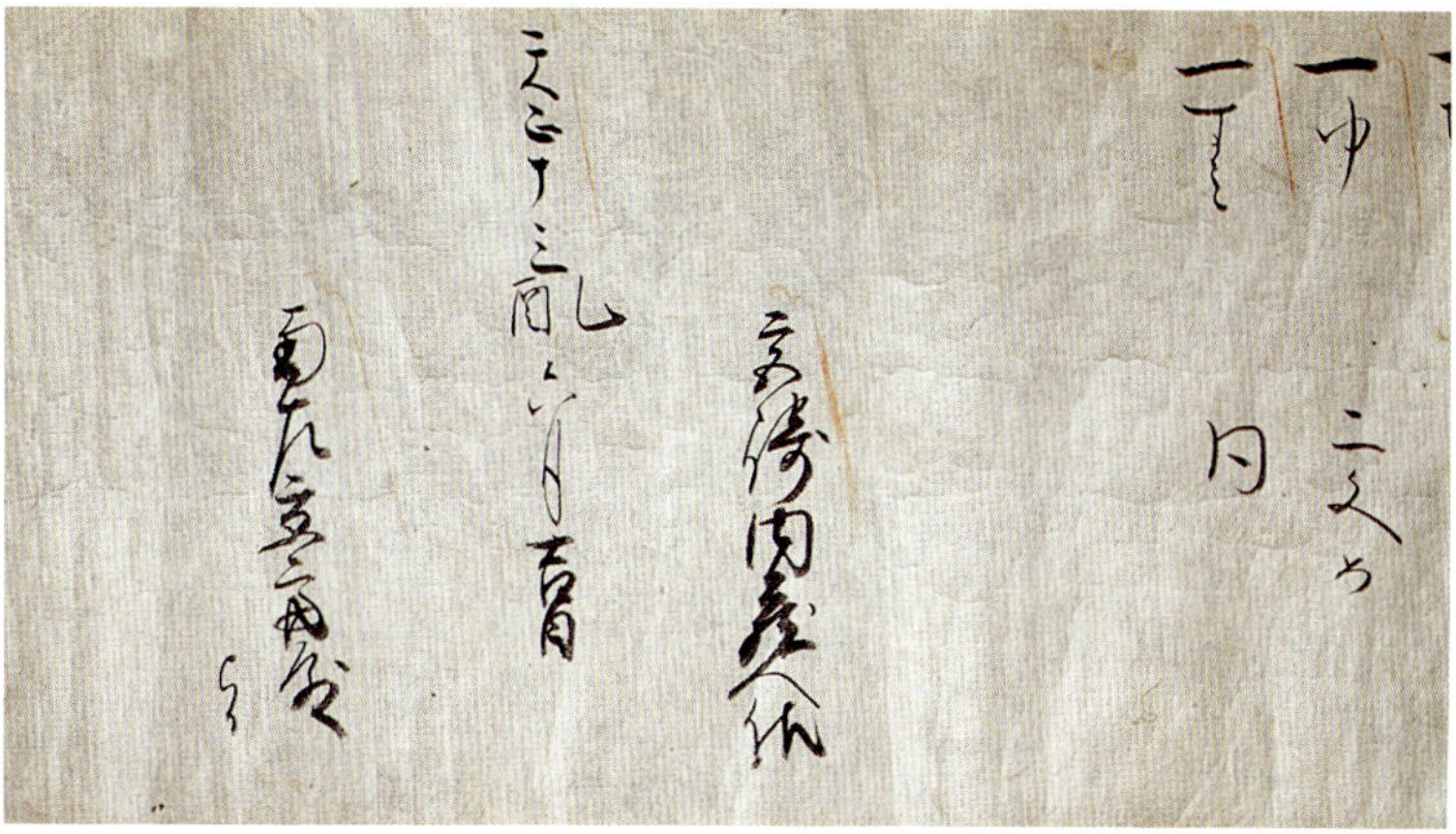

「玉こしらえの事」の奥書（同前）

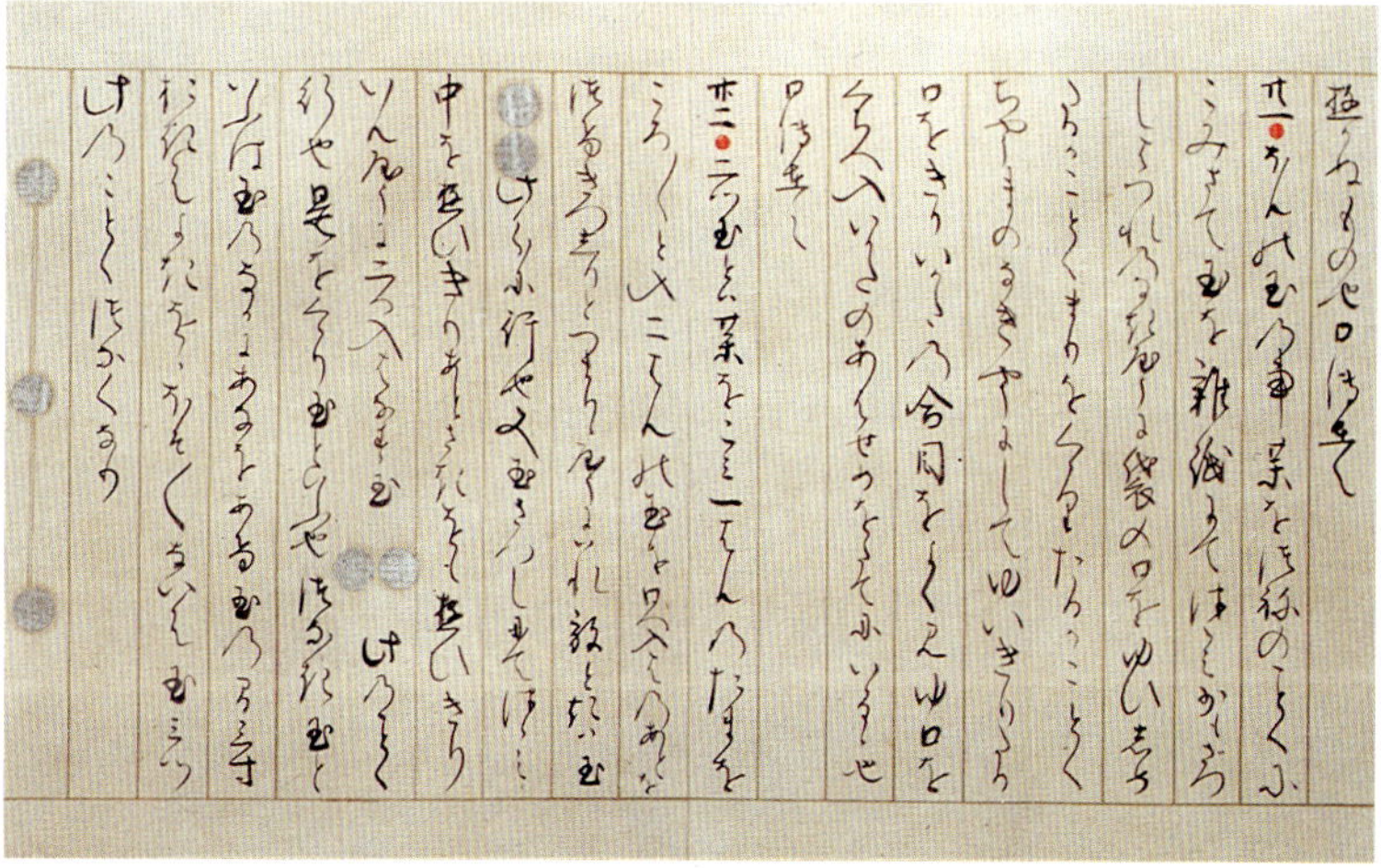

稲富流伝書の「百拾三ヶ条」にある玉の記述

（慶長15年9月，稲富一夢理斎が大久保藤十郎にあたえた伝書，国立歴史民俗博物館蔵）

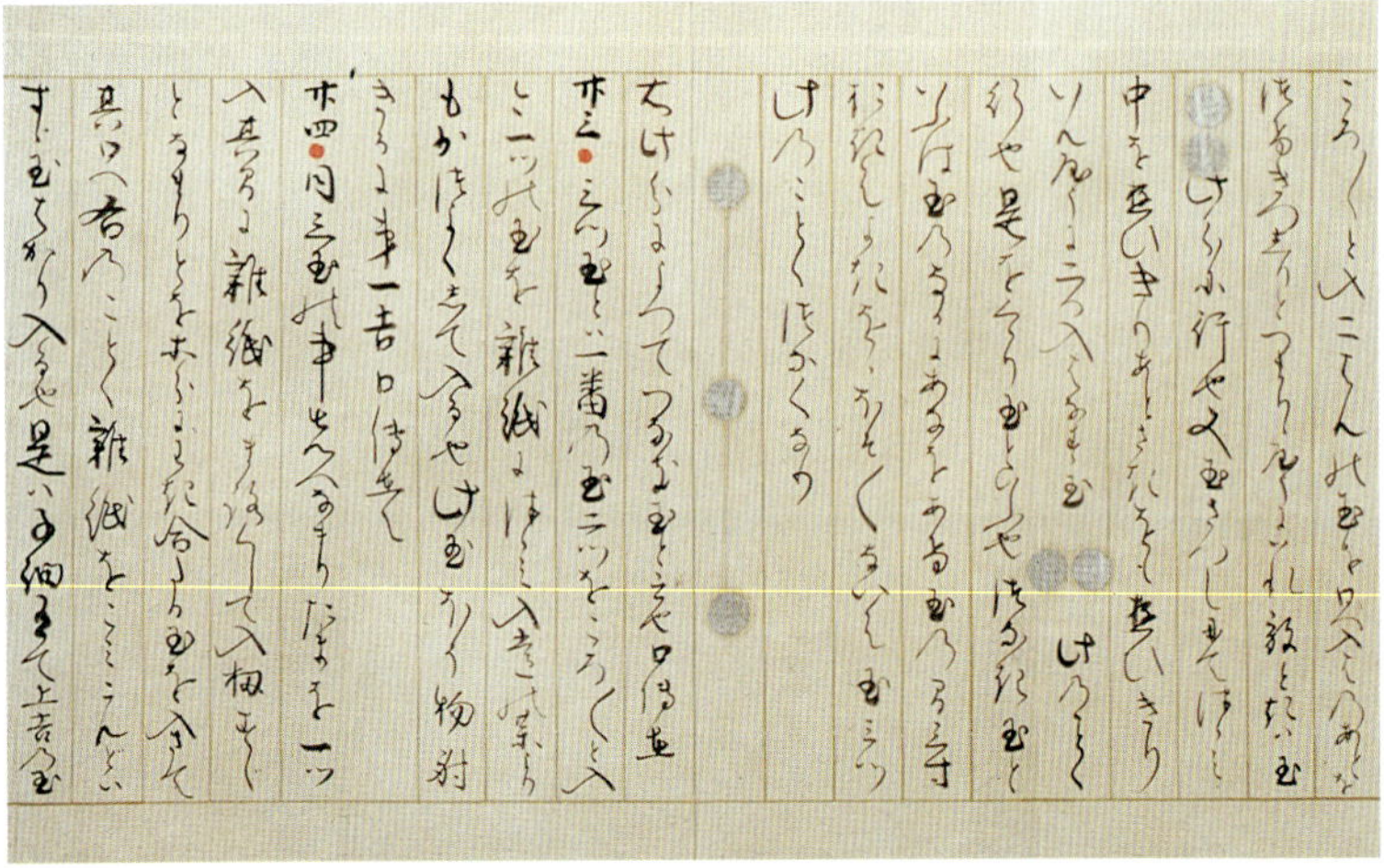

稲富流伝書「百拾三ヶ条」の玉の記述（同前）

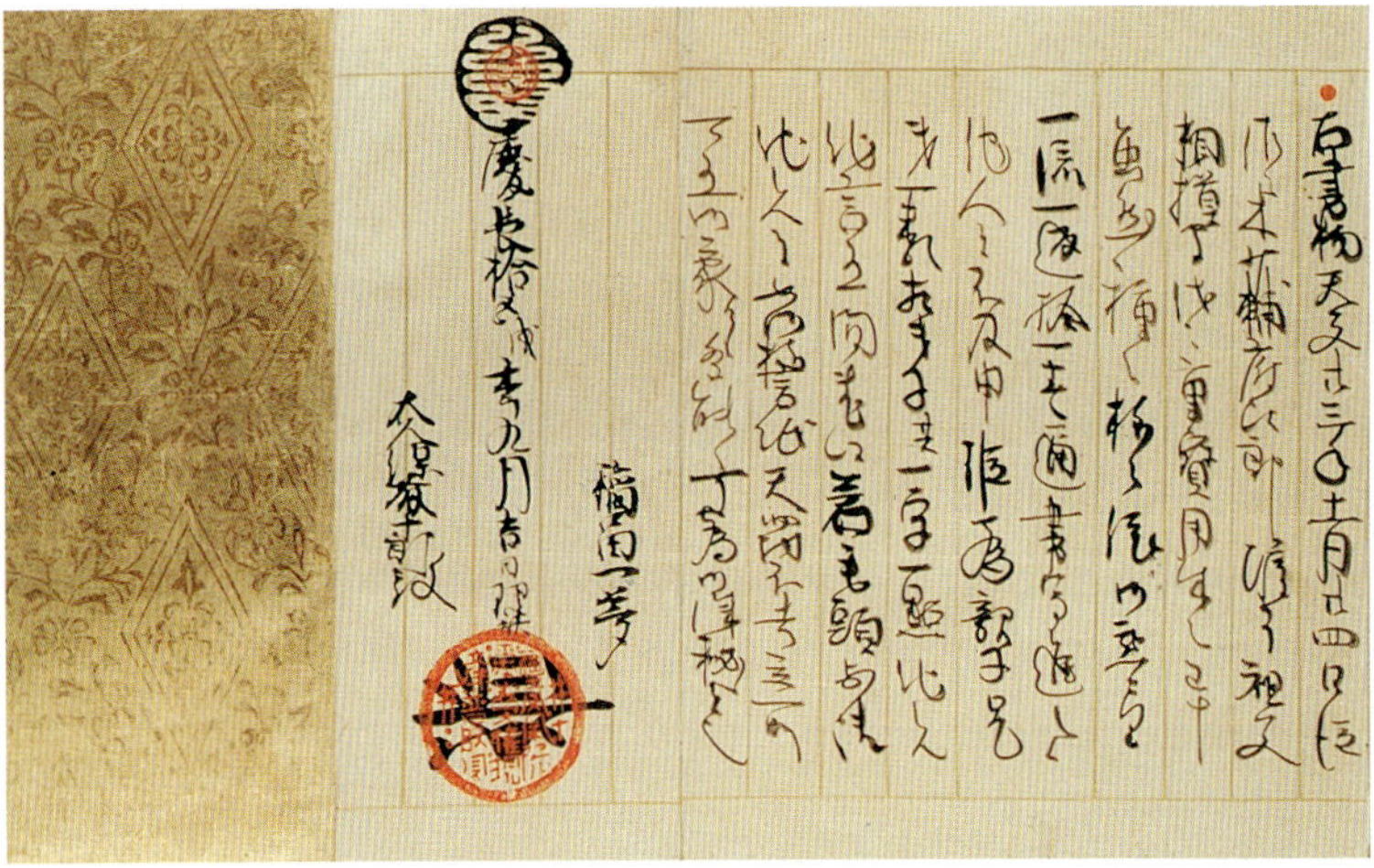

稲富流伝書「百拾三ヶ条」奥書と見返し部分（同前）

歴史文化ライブラリー
146

鉄砲と戦国合戦

宇田川武久

吉川弘文館

目次

1　鉄炮研究と本書の視点

鉄炮研究と本書の視点

未開拓な分野

炮術は火薬をもちいた銃砲による武芸の一種であり、それを家業とする者が炮術師である。本書の課題は武芸史、あるいは炮術史、さらに銃砲史の問題であるものの、その研究といえば、高島秋帆《たかしましゅうはん》にはじまる西洋流炮術をふくめた西洋軍事知識の受容と普及に研究が集中しており、戦国時代から明治初年にかけて流行した、在来の和流炮術や銃砲の研究は活発とはいえない。そこではじめに研究の歩みと現状を理解できるように、炮術と銃砲に関する、これまでのおもな著作に簡単な解説をつけて年代順に列挙したい。

『兵器沿革図説』（東京帝国大学工科大学紀要・一九一六年）

有坂鉊蔵《ありさかしょうぞう》『兵器考』（雄山閣出版・一九三六年）
洞富雄《ほらとみお》『鉄炮伝来とその影響――種子島銃増補版――』（淡路書房・一九五九年）
所荘吉解説『日本武道全集』第四巻（人物往来社・一九六一年）
有馬成甫『火砲の起源とその伝流』（吉川弘文館・一九六二年）
所荘吉『火縄銃』（雄山閣出版・一九六四年）
所荘吉『図解古銃事典』（雄山閣出版・一九七二年）
所荘吉解説「中島流炮術管窺録《かんきろく》」『江戸古典科学叢書』（恒和出版・一九七八年）
洞富雄『鉄砲』（思文閣出版・一九九一年）
宇田川武久『東アジア兵器交流史の研究』（吉川弘文館・一九九三年）
宇田川武久『鉄炮と石火矢《いしびや》』日本の美術（至文堂・一九九七年）
宇田川武久『江戸の炮術』（東洋書林・二〇〇一年）

『兵器沿革図説』と『兵器考』は日本をふくめた世界史上の兵器の沿革を多数の図版を駆使して説明、『鉄炮伝来とその影響――種子島銃増補版――』は、鉄炮の伝来、製作技術、鉄炮と戦いの関係を論じ、幕末の輸入銃砲にも言及した。それに中国・朝鮮と鉄炮の関係および鉄炮伝来に再検討をくわえたのが、増補版の『鉄砲』である。

実物資料の検討

『火砲の起源とその伝流』は東洋と西洋の火砲の実物資料および文献史料を渉猟《しょうりょう》して、中国における火薬兵器の出現、ヨーロッパへの伝《でん》播《ぱ》を解明し、いちはやく日本人が鉄炮を倣製《ほうせい》した事実を論じた。所荘吉氏は有馬成甫氏に師事して、銃砲の研究に没頭した。『火縄銃』は火砲の起源にはじまり、鉄炮の伝来、火縄銃、撃発機構《げきはつきこう》の進歩、砲熕《ほうこう》、それに鉄炮製作の史料国友一貫斎《いっかんさい》の「大小御鉄炮張立《はりたて》製作」を付録とした。『図解古銃事典』は、鉄炮の構造、発射機構、時代による銃砲の発達、幕末に移入された多様な洋式銃の構造など、文献史料ではわかりにくい銃砲の具体相を、数多くの図版を活用して簡潔に説明した。

『日本武道全集』（全七巻）は論著ではなく、武道全般をあつかった資料集だが、その第四巻に津田流《つだりゅう》・稲富流《いなどめりゅう》《いなとみ》・自覚流《じがくりゅう》・南蛮流《なんばんりゅう》・井上流・天山流《てんざんりゅう》・田付流《たつけりゅう》・荻野流・森重流・高嶋流の伝書の一部が紹介された。本全集は武芸の伝書をひろく世に紹介することを目的としており、内容の解釈や考察を意図的に省いている。「中島流炮術管窺録」は天保年間に周防《すおう》の棟居《むない》長孝《ながたか》が編纂した中島流の伝書であるが、銃砲製作の技術に着目して、江戸古典科学叢書の一巻に収められた。

『東アジア兵器交流史の研究』は十五世紀から十七世紀における東アジア、といっても中国・朝鮮が中心だが、それと日本との兵器交流の諸相を明らかにした。日鮮・日明貿易における日本刀剣の彼地への移入、十六世紀中ごろの鉄炮の伝来、鉄炮の普及、それに文《ぶん》禄《ろく》・慶長《けいちょう》の役《えき》における朝鮮への兵器の移入、朝鮮における日明《にちみん》の兵器の定着過程を論じた。

『鉄炮と石火矢』は現存する銃砲の実物資料や古文書や記録類に依拠して、銃砲の歴史的変遷や銃砲の種類、炮術と銃砲との関係、鉄炮鍛冶の存在と製作技術を説明し、さらに鉄炮に遅れて日本に渡来した石火矢の使用や鋳造法《ちゅうぞうほう》にもふれた。多くの図版を活用しているので、即物的理解に便利である。

『江戸の炮術』は茨城県土浦市在住の関正信氏の所蔵する膨大な炮術史料を駆使して、関流炮術の歴史を明らかにした。流祖之信《ゆきのぶ》は上杉氏の炮術師丸田九左衛門盛次《もりつぐ》から印可《いんか》の伝授をえたのち、江戸におもむいて幕府の炮術師と交わって腕を磨いて一流を創始した。子孫は代々家業をうけつぎ、常陸《ひたち》土浦藩の炮術師として幕末にいたった。門弟は他藩の大名から家臣におよび、その師弟関係は江戸時代の数百年にわたって延々とつづいた。本書は関流炮術の発生から発展の歴史を明らかにした。ここまで実証的な炮術史の論著は、これまでに例がない。

誤解と無関心

有馬成甫氏は「本論文はそれら文化史・政治史の未耕のほんの一端に鍬を入れたに過ぎないものであるから、これ以上の開拓は、新進気鋭の学者に後事を委託しなければならないことをよく知っている。（中略）史学界の若い人々に本論文の線に沿った方面の開拓を進めていただきたい希望を述べざるを得ない」（前掲書）と指摘した。

これに啓発されて所荘吉氏は前掲論著をものされたが、筆者もまた『東アジア兵器交流史の研究』を著して鉄炮の伝来や普及、炮術の発生と発達を論じ、この分野の開拓につとめ、鉄炮の普及については関連史料を全国的に蒐集し、西国から東国に時間をかけて伝播したと結論した。

しかし、筆者の説は鉄炮運用の技術の炮術と、それを家業とする炮術師の考察が史料的制約もあって不充分であった。鉄炮の普及の実態を明らかにするには、鉄炮と密着した炮術と炮術師の動向を探ることが、いちばんの早道と思うので、あらためてここで再検討したい。これが本書の意図である。

ところで、この分野の研究は依然として未開拓のままである。まことに不遜《ふそん》なもの言いになって、お許しをいただきたいが、これは一般の人々はもとより、歴史研究者でさえ、この方面への関心が薄いためではないかと思う。たとえば、鉄炮の普及は戦乱の時代だからと、多くの論著が記述するものの、何をもって普及というのか、その基準があいまいである。鉄炮が普及すれば、それを専門にとりあつかう、炮術師という武芸者が輩出していいはずである。それなのに、この説明がいっさいない。

ついでに些細《ささい》なことを言わせていただくと、鉄炮を火縄銃とよんで憚《はばか》らないし、鉄炮は小銃くらいで、たいした威力はないと思い込んでいるらしいが、そんなことはない。重量一〇〇キロ、銃身長三メートル、射程数千メートルという物凄い鉄炮さえある。鉄炮は大小長短、さまざまな種類が存在し、これらが実戦に使われていたのである。

また玉にしても鉛玉《なまりだま》一放《いっぽう》と思いがちだが、これも誤解といわざるをえない。材質は鉛のほかに銅、鉄、青銅、錫《すず》と鉛の合金、土などがあり、種類も中空の玉、玉の中心に数本の針金を通し、それを外にだした玉、小刀で多くの傷をつけた玉、あるいは二ツ玉、三ツ玉などの散玉《ちりだま》の類があってじつに多様である。石火矢は外国渡来の大砲だが、この存在を知る人は多くない。

こうした現状から、本書では全体を二部構成とし、はじめの二章で炮術の歴史と、なぜ日本人が火縄式に固執したのか。現在、鉄炮は火縄銃ともよばれるが、史料にはどのようにみえるのか、さらに現存する鉄炮の形態はさまざまだが、それはなぜなのかなど、銃砲に関する基礎知識を説明した。そしてあとの四章で揺籃期《ようらんき》の炮術師、兵法者の足跡、軍用化への道、技術の発達と停滞にわけて、戦国時代から元和偃武《げんなえんぶ》までの炮術の特徴と炮術師の活動を明らかにしたいのである。

なお、書名は通用の「砲」の字をあてたが、史料では「炮」の字であるので、本文では「炮」の字を用いた。また引用史料は読書の利便を考慮して、適宜読み下し文、あるいは新かな、意訳したことを附記しておきたい。

銃砲に関する基礎知識

戦いの炮術

厳然とした歴史事実

この研究分野が低調な原因のひとつに、銃砲に関する基礎知識が世に流布していないことがあげられる。たとえば、鉄炮の名称にしても、「銃砲刀《じゅうほうとう》剣類所持取締法《けんるいしょじとりしまりほう》」の古式銃分類の火縄銃を歴史用語と思い、鉄炮も小銃よりほかはないと思っているらしいが、そんなことはない。驚くべきことに、銃身長三《メートル》、射程数千《メートル》、重量一〇〇《キロ》、という物凄い鉄炮が現存している。ひとくちに鉄炮といっても大小長短さまざまであった。

玉のばあいも鉛玉一放《なまりだまいっぽう》と思いがちだが、これも誤解である。材質は鉛のほかに銅、鉄、青銅、錫と鉛の合金など、各種の玉が存在した。石火矢《いしびや》は外国渡来の大砲だが、この存在を知っている人は意外に少ない。

炮術史、あるいは銃砲史は、いわゆる時代史的な歴史にくらべると、特殊な分野に属している。しかし、歴史上に武芸の一種である炮術が数世紀にわたって存続し、それを反映して多様な銃砲が存在した。これは厳然とした歴史事実である。

濫觴と終焉

歴史の教科書を開くと、鉄炮の伝来、長篠《ながしの》の戦い、西洋流炮術の採用の三項目は、かならず目にはいるから、これらの歴史的出来事を知らない人はいないだろう。なかでも、織田信長が大量の鉄炮を投入して、甲斐《かい》の武田《たけだ》氏に壊滅的打撃をあたえた長篠の戦いは、鉄炮のひとつ話になっている。

幕末期、対外危機に遭遇した江戸幕府が海防の必要から、高島秋帆《たかしましゅうはん》の意見を採用して西洋流（兵学）炮術を導入した。これは事実である。ところが、大多数の人々は、これを炮術の濫觴《らんしょう》と思い、この数百年前の鉄炮の伝来に、その起源のあることを知らない。

その後、炮術は天下一統の戦乱の時代を体験し、さらに戦いのない江戸時代、対外危機が沸騰《ふっとう》する幕末、そして明治初年までの約三世紀にわたって流行した。この間をその特徴から、五期に区分することができる。これは炮術史の常識であるものの、このことはほとんど知られていない。というより知る術がない。これは困ったことである。

その五期区分の第一期は、炮術が発生し、まもなく多様な技術が開発され、やがて武芸としての体系が確立した、鉄炮伝来から元和偃武《げんなえんぶ》までの戦乱の時代である。伝来後、一〇年もすると、鉄炮は室町将軍や戦国大名など実力者のあいだで、外国渡来の武器として珍重されたものの、戦いでの使用は多くない。いわば、このころは炮術の揺籃期《ようらんき》である。

鉄炮と戦場

全国各地の戦場に鉄炮が登場するのは、永禄《えいろく》も十年代の話である。安芸の毛利元就《もうりもとなり》は、最近、鉄炮という新兵器が戦場にあらわれて、思いがけない被害にあうから、気を許してはならぬと、家臣にさとした。これが永禄十年代である（『毛利家文書』）。

永禄のつぎの元亀《げんき》、さらに天正《てんしょう》年間（一五七三〜一五九一）にはいると、戦国大名と統一政権が版図の拡大をめざして、軍備に力を傾けたから鉄炮の使用は確実に上昇した。鉄炮によって敵の首級をあげ、傷つき、敵に損害をあたえ、なおかつ敵の要所を崩す契機をなしたなどと、手紙に書かれるのも、この時期である（『萩藩閥閲録《はぎはんばつえつろく》』）。天文末年では珍奇な存在であった鉄炮も、このころになると、通常の武器として多用されるようになった。

永禄元年（一五五八）七月十二日、織田信長は今川《いまがわ》方の浅野の村を攻めた。信長の鉄炮の師匠橋本一巴《はしもといっぱ》は二ツ玉を込めて、岩倉織田家臣の弓の名人林弥七郎《はやしやしちろう》と決闘した（『信長《のぶなが》公記《こうき》』)。橋本一巴は鉄炮の名人である。織田信長は一命を取りとめたものの、千草越えの山中で、近江《おうみ》の六角承禎《ろっかくじょうてい》がやとった杉谷善住坊《すぎたにぜんじゅぼう》という鉄炮の名人に狙撃された。元亀元年(一五七〇)五月十九日のことである(『信長公記』)。

軍用化への傾斜

織田信長の伝記『信長公記』は戦いの記事を満載しているが、鉄炮に関する記事が急増するのは、永禄十二年(一五六九)以後である。この八月、織田信長は鉄炮衆を編成して、伊勢の北畠氏の大河内城を攻めた。鉄炮が戦いに威力を発揮すると、地域によって差があるものの、その使用は加速した。そこでもう少し『信長公記』の記事を意訳して引用したい。

元亀元年(一五七〇)九月十二日、信長と公方様《くぼう》(将軍)が、野田《のだ》・福島《ふくしま》の一〇町北のえび江に陣を構えた。先陣は夜陰に乗じて土手を築いて堀ぎわまで進み、たくさんの勢楼《せいろう》に大鉄炮をのせて敵の城中に放った。根来《ねごろ》・雑賀《さいが》・紀伊川・奥郡衆の二万人が、遠里小野《おの》・住吉・天王寺の各所に布陣したが、かれらは三〇〇〇挺《ちょう》もの鉄炮を保有して応戦した。両者の戦いは連日にわたり、敵味方の銃声は日夜にわたって天地になりひびいた。

天正二年(一五七四)七月十五日、信長方は、大船数百艘を海上に進めて、大鳥居・しのばせに取寄せ、大鉄炮をもって塀・櫓《やぐら》を打ち崩して攻めた。

天正四年（一五七六）五月三日、早朝、先手に三好笑岩、根来・和泉衆、二段に原田備中、大和・山城衆が同心して、木津へ取り掛かったところ、大坂・ろうの岸より罷《まかり》出て囲み、数千挺の鉄炮をもって散々に打ち立てたので、上方の人数が崩れた。

『信長公記』の引用はこれくらいにとどめるが、元亀ころから大鉄炮の使用が盛んになる。信長が大鉄炮を大量に保有していた事実は宣教師オルガンチノの報告にも明らかであり、これも鉄炮の普及を示している。この時代、大量の鉄炮が戦いに投入されたのである。

炮術の誕生

天正二年八月七日、上杉謙信《うえすぎけんしん》は家臣吉江織部《おりべ》与次と老母に手紙を出した。朝日を攻めたとき、息子の四郎（吉江信景）に身の事を意見したけれどもいうことを聞かずに、一人、鉄炮のさきを駈け歩き、身がふたつになるので、小島に頼んで引きずり返して、いま押し込めている。だから安心して欲しい。鉄炮の前に出て、手合わせしようとして、打ち殺されても、そのときになって、この入道（謙信）を恨んでは呉れるな、柿崎源三は腿《もも》の裏と表を打ち抜かれ、また中間の孫三郎は鉄炮で打ち殺された。どうか夫婦して四郎に意見をして欲しい、といった内容である（「中条文書」）。四郎は軍法に背いて押し込められたが、戦場は鉄炮の危険に満ちていたのである。

さて、織田信長が本能寺《ほんのうじ》の変で倒れると、羽柴秀吉《はしばひでよし》と徳川家康《とくがわいえやす》は政権の座をめぐって、天正十二年（一五八四）三月、尾張《おわり》の小牧《こまき》・長久手《ながくて》の地で戦った。このとき、徳川方の奥《おく》平衆《だいらしゅう》は、みな鉄炮上手であったので、敵の手負数多出来《ておいあまたしゅったい》と記録は伝えている（『当代記』）。鉄炮の使用が増大すると、橋本一巴、杉谷善住坊のような鉄炮の名人上手が各地に輩出した。

天正十年九月、長岡忠興《ながおかただおき》が丹後《たんご》の弓木城《ゆみきじょう》を攻めたとき、城内には天下に名をえたる鉄炮の上手稲富《いなどめ》《いなとみ》伊賀《いが》祐直《すけなお》とその弟子が多数いたという（『細川家記』）。後世、稲富伊賀祐直は、一夢斎《いちむさい》、あるいは理斎《りさい》と号して稲富流の祖になるが、このころ史上に登場した。日本の炮術は戦いのなかに誕生したのである。

炮術伝書の存在

鉄炮伝来直後、炮術を家業とする炮術師は存在しなかった。ところが、十数年もすると、橋本一巴《はしもといっぱ》のように鉄炮の運用を家業とする炮術師があらわれた。こうした炮術師は諸国を転々としながら、自己流の炮術を教え広めた。そして弟子が稽古にはげんで腕をあげると、腕前を証明する書類、すなわち、秘伝書《ひでんしょ》を発行した。これが炮術師の生活基盤になったが、現存する文禄《ぶんろく》以前の伝書《でんしょ》は、表1の四点にすぎない。

伝書自体は現存していないが、永禄から天正初年のあいだと推測される播磨《はりま》の三村元親《みむらもとちか》

表1　戦国時代の炮術伝書

年月日	伝授者	被伝授者	伝書の内容	出典
永禄二・六・二九	足利義輝	長尾景虎	鉄放薬方並調合次第	『上杉家文書』
永禄一二・三	（某）長氏		（玉薬調合次第）	（個人蔵）
天正一三・六・吉	宮崎内蔵人佐	南左京亮	玉こしらへの事	（歴博蔵）
文禄三・二	吉田善兵盛定	屋嶋藤三郎	鉄炮の大事ほか	（守田神社蔵）

が毛利家臣の粟屋元真《あわやもとまさ》に、「鉄炮《てっぽう》火箭《ひや》の相伝《そうでん》をうけたこと、まことに満足である。これをたくさん拵《こしら》えて、ぜひ、敵の城を焼きくずして欲しい」と、頼んだ手紙がある（『萩藩閥閲録』）。流派は詳《つまび》らかにできないものの、粟屋元真の鉄炮火箭の伝授は疑いあるまい。

天正年間にはいると、大小さまざまな鉄炮が作られた。玉の装薬量《そうやくりょう》は銃身の長さと目標の距離によって定まるから、玉薬《たまぐすり》の調合法《ちょうごうほう》は無数にあったと考えてよい。このほか玉薬成分の製法、鉄炮の仕様、射撃の姿勢、各種玉の開発など炮術の内容は多岐にわたった。炮術伝書が他の武芸の伝書とちがう点は、実験データの数字で埋め尽くされていることにある。膨大なデータを口伝だけで授けるのは無理である。そこで炮術伝書が作成されたが、これは炮術の発達を意味している。この傾向は慶長期《けいちょう》にはいると、さらに顕著になった。

体系の確立と近世家臣への転身

慶長十二年（一六〇七）七月、稲富一夢は美濃《みの》の妻木雅楽頭頼忠《つまきうたのかみよりただ》に伝書を授けた。全二五巻、内訳は一流一返之書《いちりゅういっぺんのしょ》、極意書《ごくいしょ》、大極意《だいごくい》の三部からなり、その明細は以下のとおりである（個人蔵）。

百拾三カ条目録　目当定《めあてさだめ》　十首歌　筒拵之書《つつこしらえのしょ》　薬拵之書　当薬之書《とうやくのしょ》　矢倉拵之書《やぐらこしらえのしょ》

田積之書《たつもりのしょ》　分割星積之書《ほしつもりのしょ》　切筒之書《きりつつのしょ》（以上、一返一流之書）

三拾弐相筒堅《つつがため》　星通之書《ほしとおしのしょ》　極意抜本薬積書《ごくいばつほんくすりつもりのしょ》　目当薬積之書《めあてくすりつもりのしょ》　目積手積町積書《めつもりてつもりまちつもりのしょ》

星板之書《ほしいたのしょ》　文貝之書《ふみがいのしょ》　唐本重目当図《とうほんかさねめあてのず》（以上、極意書九巻）

極意重目当之書　極意星合之書　心持口伝書　極意薬拵之書　極意目当定（以上、大極意書五巻）

稲富一夢のほか、津田監物《つだけんもつ》・泊兵部少輔一火《とまりひょうぶしょうゆいっか》・田付兵庫助景澄《たつけひょうごのすけかげすみ》・井上外記正継《いのうえげきまさつぐ》・田布施源助忠宗《たぶせげんすけただむね》・西村丹後守忠次《にしむらたんごのかみただつぐ》・藤井河内守《ふじいかわちのかみ》・三木茂太夫《みきしげだゆう》・安見右近丞一之《あみうこんのじょうかずゆき》（隠岐守元勝《おきのかみもとかつ》）・宇多長門守末景《うたながとのかみすえかげ》・丸田九左衛門盛次《まるたきゅうざえもんもりつぐ》・唐人式部少輔秀正《かろうどしきぶしょうゆひでまさ》などの炮術師が活動した（『武芸小伝』外）。

慶長二十年二月朔日、堀丹後守直寄《ほりたんごのかみなおより》は近江日野《おうみひの》の鉄炮屋町田左吉に三〇〇挺の鉄炮を注文した（「大和文華館所蔵文書」）。堀丹後守直寄は堀久太郎秀治の家臣で、慶長五年（一六〇〇）の関ヶ原の戦いに徳川方に属し、その後、五万石を領有した。大坂の夏の陣は慶長二十年四月に勃発するから、直前の注文である。

あとで注文書の全文を紹介するが、実戦に備えて発注された鉄炮三〇〇挺の仕様《しよう》は、すべて田付流《たつけりゅう》である。この流祖は田付兵庫助景澄《たつけひょうごのすけかげすみ》といい、世人からは稲富一夢とならぶ名人と称賛された。出身は近江国《おうみのくに》の田付村《たつけむら》だが、大坂夏の陣の直前に徳川家康に召抱えられて五〇〇石を知行した。伝書には「求中集《ぐちゅうしゅう》」「鉄炮打方《てっぽううちかた》」などがある。

直寄の主人堀秀治は慶長四年（一五九九）六月吉日、田付兵庫助景澄から田付流の伝書「求中集五巻」を授けられた（「大坂城天守閣所蔵文書」）。主君が田付流を修業すれば、家臣もそれにしたがう、これは当然である。それぞれの大名は家中の炮術流派、たとえば、岸和田流《きしのわだりゅう》ならば岸和田流、稲富流ならば稲富流の仕様にしたがって鉄炮を鍛冶に注文した。現存する鉄炮の形態がさまざまなのはこのためである。

戦国時代から元和偃武《げんなえんぶ》までを生きた炮術師は実戦に役立つ炮術を鍛錬しながら、諸国を遍歴し、それを糧に諸大名などの実力者にやとわれ、大名および家臣に炮術を指南し、契約がきれれば、またつぎの雇い主をもとめて他国に足を運んだ。この過程で田付兵庫助景澄が徳川家康に召抱えられたように大名の家臣に編入される炮術師も少なくなかった。遍歴の武芸者から近世家臣への転身である。

大砲術の流行

鉄炮伝来から約三世紀を五期に区分した一期をみてきた。つぎの二期は一期とかさなるが、戦乱の時代から、それが一段落して安定政権があらわれた時期、すなわち、天正からあいだに江戸幕府の成立をはさんだ寛文《かんぶん》年間（一六六一〜七三）までの期間である。通常の鉄炮は小銃であるが、永禄《えいろく》初年ころには大鉄炮が出現した。大鉄炮は抱え打もできるが、目方が数十キロ以上になると、土俵や台、あるいは狭間《はざま》、塀の上にのせてもちいた。

石火矢の出現

さらに一期の後半、天正年間になると、城郭や軍船などの構造物を破壊する大筒《おおづつ》、外国製の石火矢《いしびや》、それを模倣した国産の石火矢など、大型砲の類が出現した。石火矢の源流は

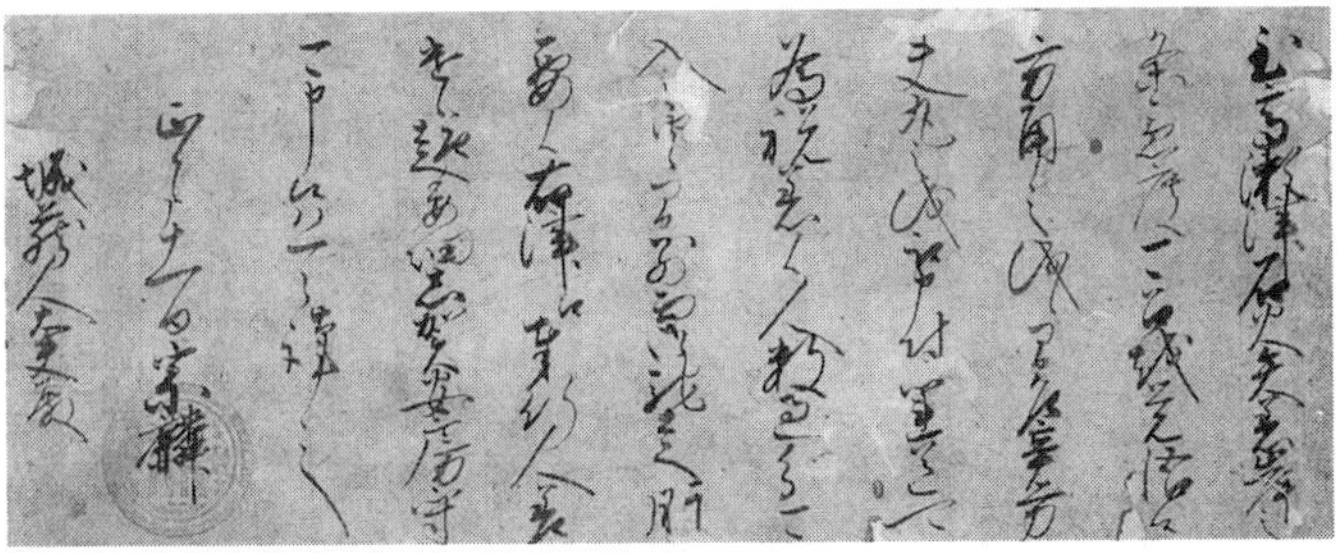

図1　石火矢の着岸を伝える大友宗麟の書状（大阪南蛮文化館蔵）

西欧にあるが、日本に渡来した石火矢は玉と玉薬《たまぐすり》をいれる取っ手のついた付属品の入《い》れ子《こ》の形式から東南アジア系とみなせる。

豊後《ぶんご》の大友《おおとも》氏は永禄三年（一五六〇）三月、室町将軍足利《あしかが》義輝《よしてる》に石火矢を贈った。これが石火矢の初見である。この石火矢が外国製であることは、大友氏が永禄年間に外国に出したつぎの書簡に明らかである（『異国往復書翰集』）。

ふたたび大砲を求めるは、自分が敵と境を接する海岸に住んでおり、敵の攻撃を防がねばならないからである。もし、領国が大砲によって守ることができ、それによって繁栄したならば、領内にデウスの会堂をつくり、パードレおよびキリシタンの往来を許し、当地におけるポルトガル人の滞在もみとめたい。

この大砲、すなわち、石火矢が豊後に無事とどいたか、確証はないが、天正初年の渡来は、つぎの大友宗麟《おおともそうりん》の手紙から疑う余地はあるまい（「南蛮文化館所蔵文書」）。

高瀬《たかせ》の津《つ》に至る石火矢着岸の条、急度《きっと》、召し越すべき覚悟《かくご》に候、方角《ほうがく》の儀に候間、辛《しん》労《ろう》ながら夫丸の儀、申し付けられ、運送祝着《しゅうちゃく》たるべく候、人数、過分に入れるべきの由に候間、別して御馳走《ごちそう》肝要に候、右津へ奉行人差し遣し候趣《おもむき》、委細《いさい》、志賀安房《しがあわの》守《かみ》申すべく候、恐々謹言、

正月十一日　　（大友）宗麟（花押）

城蔵人太夫殿

「高瀬の津に石火矢が着いた。早速《さっそく》、これを運搬する人夫を徴発したことは悦ばしい。人数は多く必要なので、馳走をお願いしたい」と、大友宗麟は城氏に伝えた。この石火矢は薩摩《さつま》の島津《しまづ》氏の侵攻に備えるために、天然の要害に守られた臼杵《うすき》の丹生《にうじょう》城に修羅《しゅら》で運ばれた。やがて大友氏が石火矢を鋳造したことは、天正十二年（一五八四）の宗麟の覚に「屋敷普請《やしきぶしん》など、折々油断なく申付られ肝要に候、殊に石火矢・手火矢、弥《いよいよ》、数を申し付られ、玉薬など、段々にその心懸専一に存候こと」と明白である。

最近、毛利《もうり》氏が外国製の石火矢を保有した事実を知らせる資料が発見された（『防長古器考』）。大友氏は毛利氏からの海上攻撃を防ぐために外国勢力に石火矢を求めたが、毛利

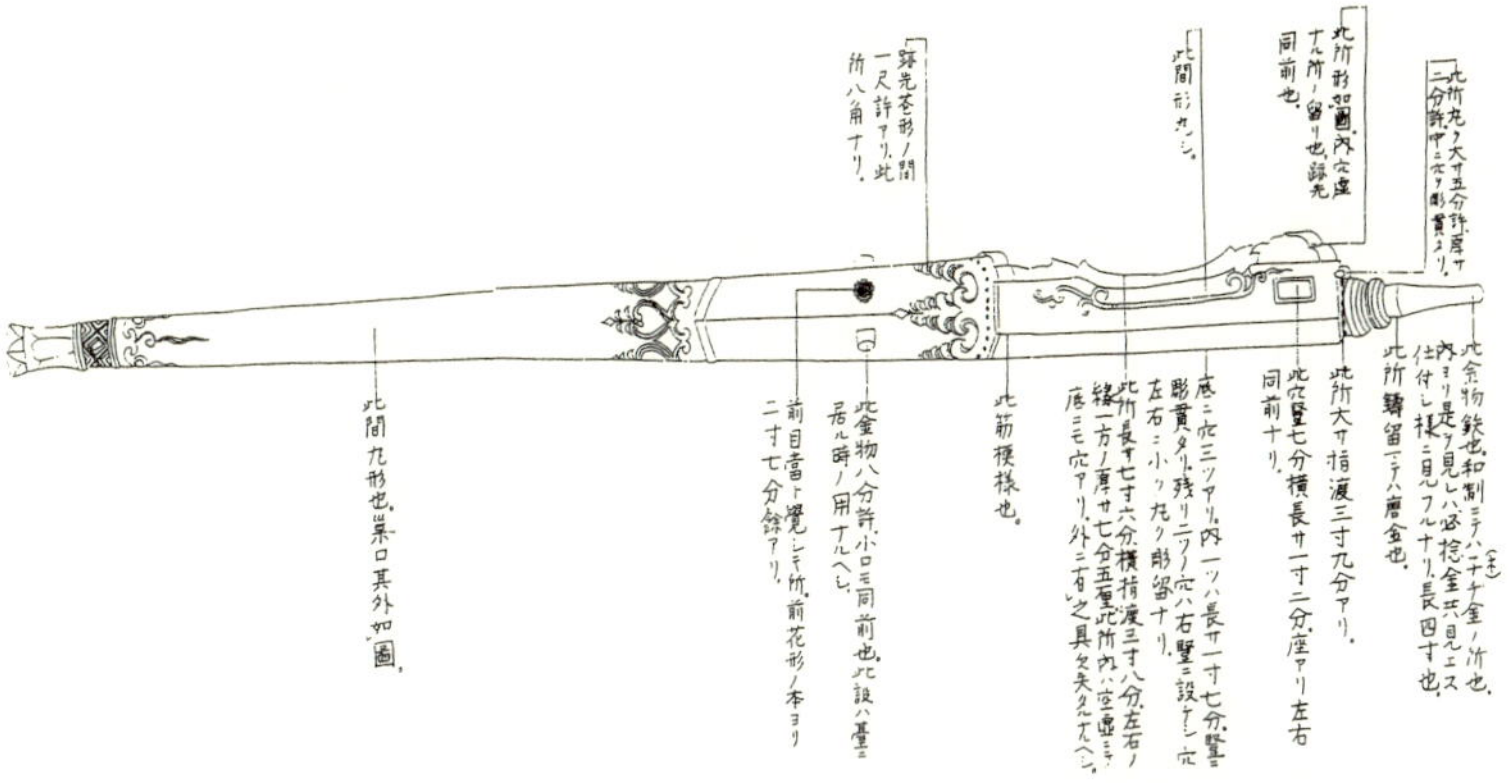

図2　毛利領国に伝世した石火矢（『防長古器考』所収）

図3は和製の仏狼機砲であるが，これは東南アジア製である。戦国時代，毛利氏の領国で使用されたと推測される。江戸時代まで現品が伝世していたが，現在は不明である。

氏もまた同様であった。それにしても戦国時代に石火矢を保有できた大名は、ごく一握りの勢力にかぎられ、その保有量は微々たるものであった。

大砲を装備した軍船

織田信長の軍船を目撃した宣教師オルガンチノは、ルイス・フロイスにその印象を伝えたが、そのなかに大砲に関連して注目すべき記事があるので、つぎに引用したい（『耶蘇会日本通信』）。

この船は信長が伊勢国《いせのくに》で建造した日本国中最も大きく、また最も華麗なもので、王国（ポルトガル）の船に似ている。自分は行ってみたが、このような物が日本で造られることに驚いた。信長がこの（船）を建造したのは、四年まえから戦争をしている大坂河口にこれをおき、援兵や食料をつんだ敵船の入港を阻止するためであったが、これによって大坂の市はまちがいなく滅亡するように思われた。船には大砲が三門備えられていたが、それがどこからきたものかわからない。われらは豊後の大友氏が鋳造した数門の小砲以外、ほかに砲のあることを知らない。自分はこの大砲とその装置をみた。また（軍船）には精巧にして大なる鳥銃《ちょうじゅう》が無数にあった。

軍船には無数の鳥銃、すなわち、鉄炮があったという。信長の軍事力の強大さを髣髴《ほうふつ》とさせる記事である。別の箇所には、豊臣水軍の司令官小西行長《こにしゆきなが》の旗艦に、織田信長が伊勢

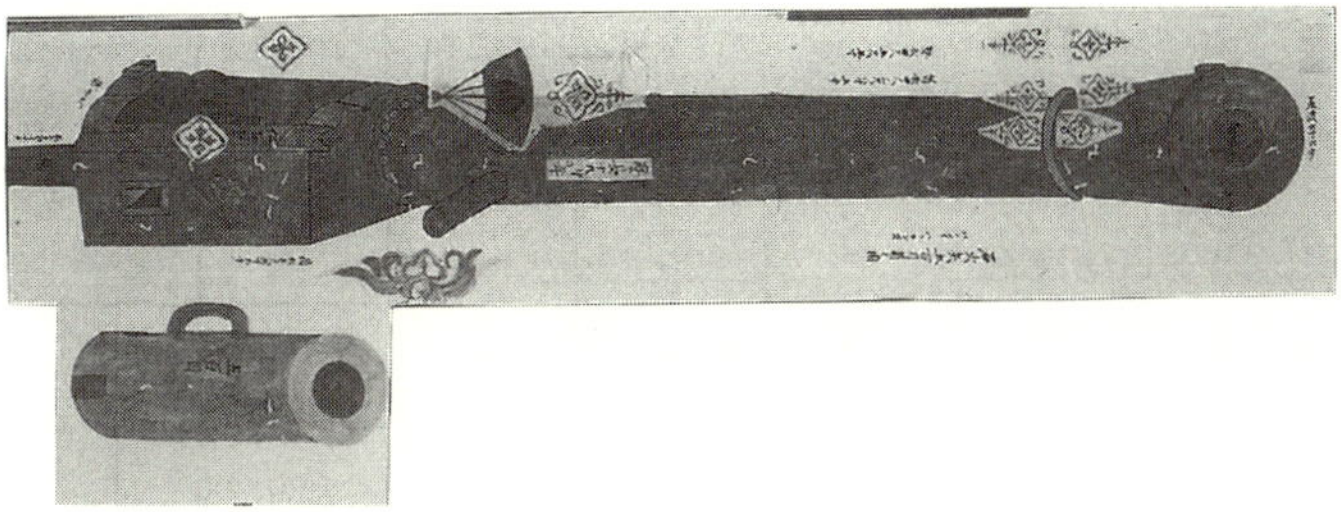

図3　佐竹氏石火矢の図（東京・財団法人千秋文庫蔵）

で中国人につくらせた大砲が装備されていたと書いてある。信長の遺産ともいうべき大砲は、後継者の秀吉にひきつがれた。

大型砲の最盛期

豊臣秀吉は文禄《ぶんろく》の対外戦《たいがいせん》のとき、諸大名の所持する石火矢を集めるとともに、播磨《はりま》の鋳物師《いもじ》を上京させて石火矢を鋳造した。慶長五年（一六〇〇）、関ヶ原の戦いのとき、美濃《みの》の大垣城《おおがきじょう》に籠もっていた山田去暦《やまだきょれき》の娘おあんの記録に「石火矢を打てば、櫓《やぐら》がゆるゆる動き、地がさけるようにすざまじい」とみえ、おなじ年の七月、豊臣方の長束正家《ながつかまさいえ》の手紙に「伏見城《ふしみじょう》を守備する徳川方の留守居《るすい》を討ち果たすために、山を築いて大筒や石火矢をもって砲撃する」とある。大型砲は仰角《ぎょうかく》が必要だから山を築いたのである。

関ヶ原の戦いで土佐《とさ》の長曾我部《ちょうそかべ》氏は西軍の石田三成《いしだみつなり》に味方して領国を没収されるが、慶長五年十二月五日、徳川家康は井伊直政《いいなおまさ》に浦戸城《うらどじょう》の接収を命じた。浦戸城には大小九門の石火矢があった。つぎに引渡し注文の一部を引用したい（『土佐国蠹簡集《とさのくにとかんしゅう》』）。

浦戸城にて渡し申す注文

一、馬三匹
一、鉄炮十張　大小共
一、石火矢九張　大小共　此内浦戸政所に有り、
一、玉薬《たまぐすり》　三万放《はなち》
一、くろめ玉（黒目・鉄玉）　十万計《ばかり》
一、えんしょう（焔硝）　五本あり
一、ゆおう（硫黄）　千五万計

徳川家康は大坂冬の陣と夏の陣に備えて石火矢を、また近江の国友《くにとも》鍛冶に大小の鉄炮を、さらにオランダにも十数門の大砲を注文した。オランダから長崎に着岸した大砲は、近江の国友村に運ばれて鍛冶の手で錐入《きりい》れをして仕上げた。大坂の陣のとき、佐竹氏は自前で五百目玉の石火矢を鋳造したが、ほかの大名もこれにならったにちがいない。

徳川方の石火矢による大坂城への砲撃は熾烈《しれつ》をきわめた。慶長十九年（一六一四）十二

月、徳川方の炮術師、牧野清兵衛《まきのせいべえ》・稲富宮内重次《いなどめくないしげつぐ》・井上外記正継《いのうえげきまさつぐ》らは備前島から、片桐且元《かたぎりかつもと》と豊臣秀頼母堂の居間に激しい砲撃をあびせた。一説にこれが豊臣氏に降伏を決意させたという。

島原一揆と石火矢

島原の一揆は寛永十四年（一六三七）十月に肥前《ひぜん》島原半島の原　城《はらのじょう》で起こった。幕府軍は十重二十重《とえはたえ》に原城を取り囲み、多数の大筒《おおづつ》や石火矢を投入したが、一揆側の抵抗は激しく、越年した二月下旬になって、やっと鎮圧できた。このとき、長崎の石火矢師薬師寺種永《やくしじたねなが》は長崎奉行の指揮に属してオランダ軍艦の砲手をつとめた。長崎奉行の軍事的出費は銀高一一〇貫六九三匁に達したが、このなかには石火矢の修理費と玉薬の代金がふくまれていた。つぎに一揆における石火矢使用の事例をいくつか紹介したい（『島原半島史』）。

○有馬玄蕃《げんば》が三の丸を占領したら、二の丸は石火矢で砲撃する。それが無理ならば、金堀人を使い、長崎に埋没していた大筒をも投入する。（『熊本県史料』近世編）

○鍋島軍《なべしまぐん》の前方にある出丸は石火矢で砲撃して、堀を破壊し、土手だけ残し、仕寄《しより》の四、五間に迫った。（『熊本県史料』近世編）

○正月朔日の原城攻撃のとき、築山《つきやま》に石火矢三挺がおかれ、長い竹の先端に提灯《ちょうちん》をつけ

て合図とし、石火矢を放って総攻めを開始した。（松倉氏家臣小林小左衛門覚書）

○松倉方の責口に一揆方が夜襲をかけてきた。そこで栢《やまぐわ》角《かく》太夫《だゆう》が大石火矢に小玉を多く詰めて放ったので一揆方は怯《ひる》んで攻撃をかけてこなかった。（松倉氏家臣佐野弥左衛門覚書）

○島田与右衛門が石火矢を操作して志《し》岐《き》村《むら》の敵陣に放った。さらに一発を放つと、こんどはネジが抜けて役立たなかった。（並河太左衛門記）

一揆が鎮圧されると、幕府は島原城におかれていた銃砲類を海路によって大坂城に運び入れた。現在、島原一揆の幕府布陣図がいくつか遺されているが、復元された島原城の天守閣に展示されている布陣図には築山の上に並べられた複数の石火矢を描いている。

島原一揆の直後、幕府は南蛮船の来航を警戒して、西国の諸大名に長崎湾の警備を命じた。これが異国警備であるが、諸大名は長崎湾の入り口に砲台を築いて石火矢・大筒を多数配備した。

わが国における大型砲は大鉄炮・大筒・石火矢の類であるが、これが一度に出揃ったわけではない。大鉄炮と石火矢の使用は戦国時代にさかのぼるものの、本格的な使用は文《ぶん》禄《ろく》・慶長《けいちょう》以後であり、大坂の両陣と島原の一揆、それに異国警備のころに最盛期を迎えた。大筒の出現は大鉄炮と石火矢のあいだ、天正期になる。大型砲の使用期間は短かったものの、長崎の薬師寺氏を流祖とする自覚流《じがくりゅう》のほか、米村流《よねむらりゅう》・阿蘭陀流《おらんだりゅう》・植木流《うえきりゅう》・堅杯《けんぱい》流《りゅう》などが流行した。

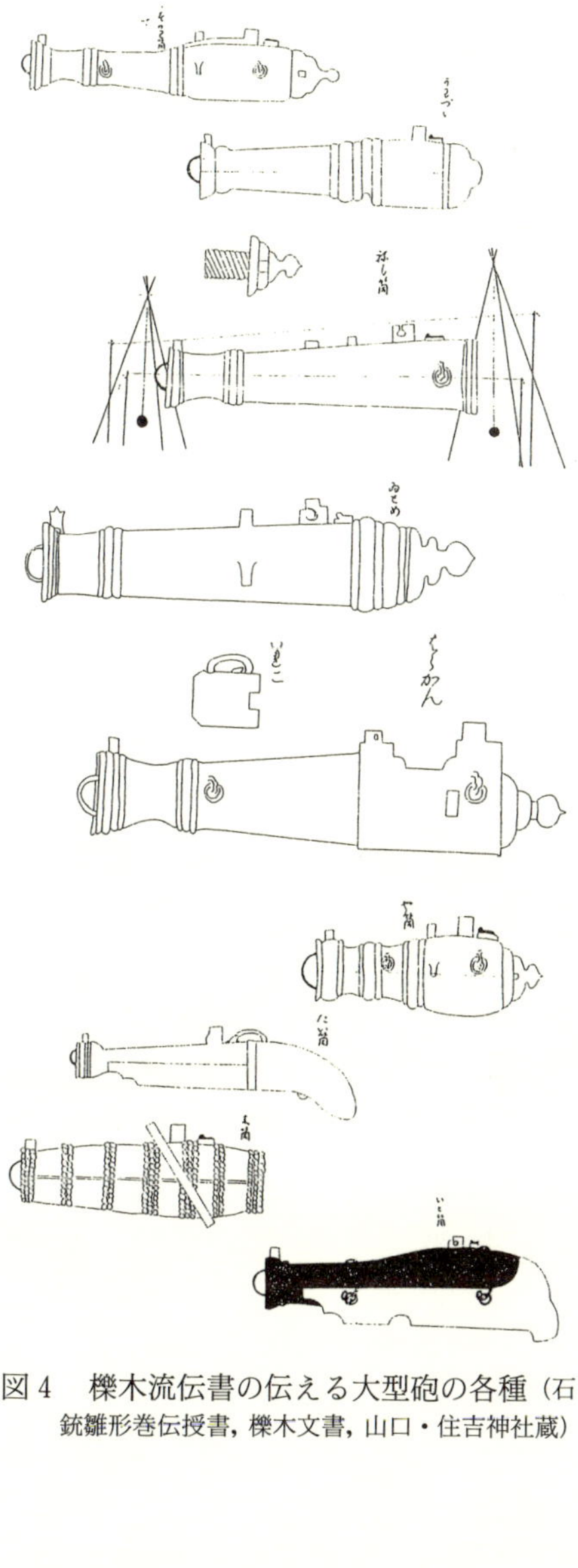

図4　櫟木流伝書の伝える大型砲の各種（石銃雛形巻伝授書，櫟木文書，山口・住吉神社蔵）

変則的な炮術

大筒の抱え打と火矢筒の流行

五期区分の三期は江戸幕府の政権が、もっとも安定した時期で、世相を反映して実戦から遊離した大筒《おおづつ》の抱《かか》え打《うち》や火矢筒《ひやづつ》、あるいは花火の射技《しゃぎ》が流行した。このばあいの大筒は五〇目玉（口径三一・八ミリ）以上の大口径で、一〇〇目玉から五〇〇目玉、なかには一貫目（口径八六・六ミリ）から二貫目におよぶものもあり、銃の重さも一五キロから一〇〇キロにたっした。

上総久留里藩《かずさくるりはん》、のちに土浦藩の炮術師となる関八左衛門之信《ゆきのぶ》は二五〇目（口径五四・五ミリ）の大筒を放ち、その子軍兵衛昌信《まさのぶ》もまた三〇〇目玉（口径五七・六ミリ）重さ六〇キロの大筒を放って二五町（約二・五キロ）の射程をえた。

火矢筒は銃身の長さが、七センチから五〇センチと極端に短く、口径も三センチから四センチのものが多い。火矢筒は玉走《たまばし》りがないため玉を放つことはできず、先端に鉄、あるいは鉛の塊をかぶせ、これに板、あるいは鉄で拵えた薄い矢羽《やばね》を堅木《かたぎ》の矢柄《やがら》にさしこんだ棒火矢《ぼうびや》を放った。三木流棒火矢術、中川流短筒術《たんづつじゅつ》を学んだ武衛市郎左衛門《ぶえいいちろうざえもん》がたてた武衛流、棒火矢筒と合《あい》図火矢《ずひや》を得意とする藤岡流などがあり、さらに武衛流・自得流・佐々木流を折衷した中嶋太兵衛長守《ながもり》の中島流もまた棒火矢や火術を得意とした。この傾向は享保《きょうほう》や寛政《かんせい》の改革の武芸奨励策によってさらに進んだ。

戦術的炮術

四期は北方に外国勢力の脅威があらわれた寛政から明治初年までの時期である。これまでの炮術は個人の射撃術の向上を目的とし、なおかつ戦いのない世相を反映して実用から遊離していた。しかし、対外危機が眼前に迫るやいなや、為政者は炮術を海防の要術と見直し、これまでの変則的な炮術の反省もあって、銃砲を戦術的に運用する流派が生まれた。合武三島流《ごうぶさんとうりゅう》（森重流《もりしげりゅう》）と荻野流増補新術《ぞうほしんじゅつ》（天山流《てんざんりゅう》）の二流に、それが顕著である。

天山流

天山流の創祖は坂本孫八俊豈《まごはちしゅんがい》、天山《てんざん》と号した。信州高遠《しんしゅうたかとお》の藩士で、延《えん》享《きょう》二年（一七四五）五月二十三日生まれ、二十四歳のとき、大坂の荻野

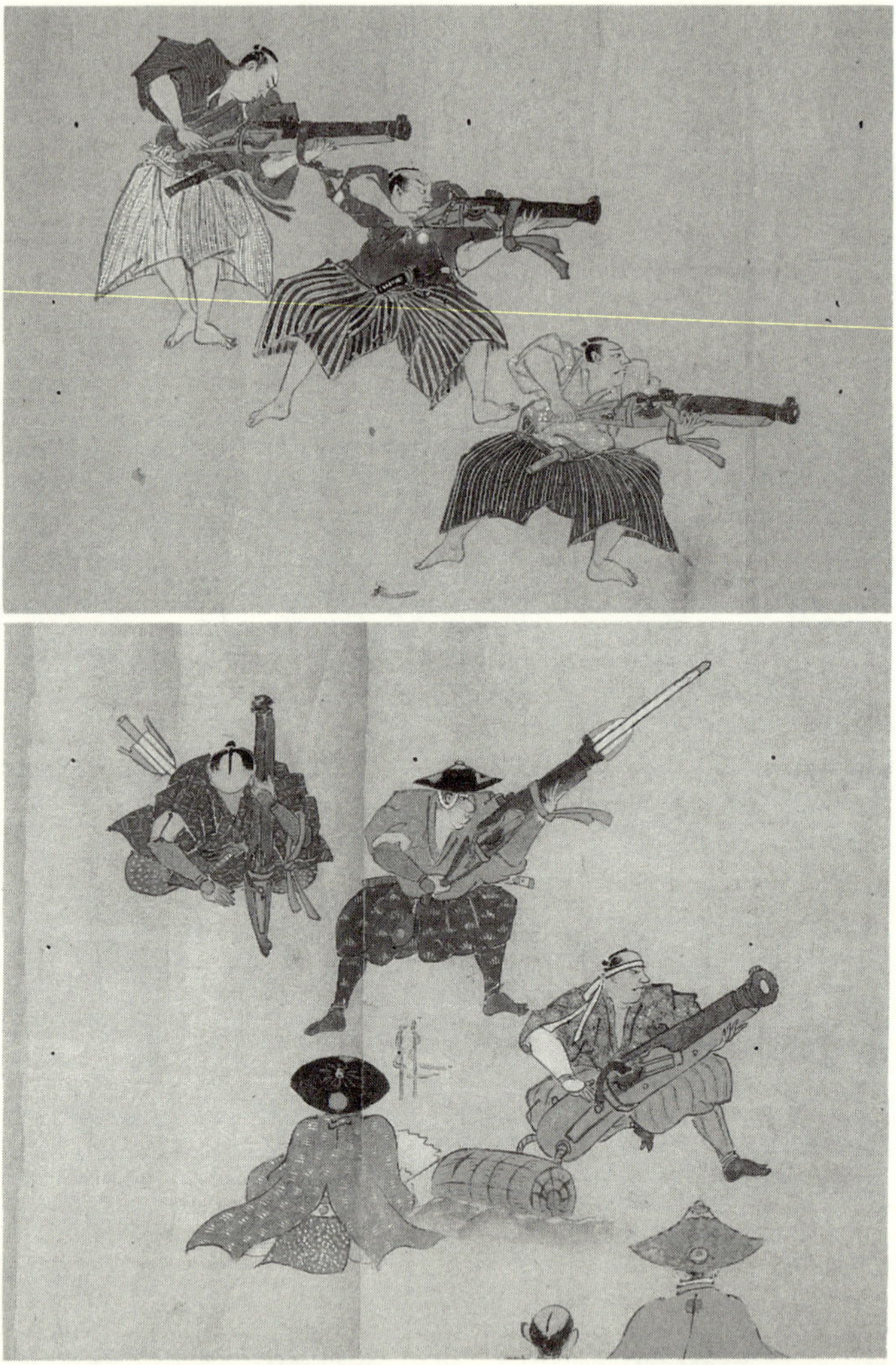

図5　棒火矢発放の図（炮術形状図式，行田市郷土博物館蔵）

流宗家の荻野照良《てるよし》に入門して荻野流を学んだが、帰藩後、独力で炮術の研究に没頭し、安永七年（一七七八）に左右一八〇度、仰角《ぎょうかく》八〇度、旋回自由《せんかいじゆう》の砲台の一種周発台《しゅうはつだい》を完成させた。天山の研究はこれを基礎とした戦術や兵制、歩兵の編制や銃器の得失におよんだ。天山の著作には『周発図説』『周発軽弁問答』『周発利用弁』『銃陣詳節《じゅうじんしょうせつ》』などのほか多数あり、いずれも独創的であった。享和三年（一八〇三）二月九日、天山は長崎で病死した。天山はみずからの流派を荻野流増補新術といい、天山流は嫡子俊元《としもと》の代からの呼称である。

森重流

森重流は周防の末武《すえたけ》出身の森重靫負都由《もりしげゆきすべよし》を祖とする流派である。都由は毛利氏船手組《ふなてぐみ》の村上蔵人から三島流の船戦法と天山流を、さらに安盛流《あんせいりゅう》、中島流、遠国流《おんごくりゅう》、禁伝流《きんでんりゅう》などの炮術流派、それにくわえて橋爪廻新斎《はしづめかいしんさい》の合武伝法《ごうぶでんほう》と甲越《こうえつ》の兵学を学んで流派を創始した。これが合武三島流である。享和三年の春、浪人の身分であった都由は兵学と炮術の技量を認められて、出役《いでやく》の炮術師として幕府につかえた。ロシアが北方に出没して騒然としていた時期である。

さらに都由は文化年間、蝦夷地《えぞち》火術取調《かじゅつとりしらべ》を命ぜられて、同四年九月上旬、箱館沖《はこだておき》の海上で軍船火攻の演武をおこなった。この流派は時流に迎えられて大いに流行し、二八〇〇人の門人を数えたという。文化十三年（一八一六）六月、都由は五十八歳で病死した。
舎弟の曾門《そもん》は炮術をもって萩藩につかえて大いに功績があった。都由のあと、嫡子の都《す》光《べみつ》が流名を継承した。都由の声望により流名を「合武三島流」から「森重流」に改めた。

西洋流の開基

五期は西洋流炮術が採用されて、各藩がこれにならった時期である。長崎の高島秋帆《たかしましゅうはん》は寛政十年（一七九八）八月十五日、長崎町年寄高島《たかしま》四郎兵衛《しろべえ》茂紀《しげのり》の子として生まれ、父に師事して荻野流と荻野流新術を学んだ。秋帆は旧来の炮術では、直面する海防に役立たないと、西洋流炮術の研究に着手した。役職を活用して長崎通詞《ながさきつうじ》に西洋の兵制炮術書を翻訳させて勉学するかたわら、出島のオランダ人からも直接教えをうけた。

天保三年（一八三二）、長崎奉行の許可をえた秋帆はオランダ製の小銃、野戦砲《やせんほう》、臼砲《きゅうほう》、ホーイッスル砲など、数百門を購入し、門人を集めて歩兵・砲兵を編制し、洋式銃陣の訓練をおこない、天保十年ころから西洋流炮術高島流を唱えた。

天保十一年九月、アヘン戦争で清国《しんこく》がイギリスに敗北した情報に接した秋帆は、西洋流炮術の採用を幕府に上書した。その内容は、清国が敗北した原因は炮術が未熟なためであり、勝利した西洋蛮夷《せいようばんい》は火炮船艦の便利を武備の第一にしている。わが国も西洋流炮術をもって武備を強化すべきである。天文年間伝来の鳥銃が、いまなお盛んであるのは結構であるが、すでに西洋では数百年前に鳥銃《ちょうじゅう》を破棄している。時代遅れの炮術を家法《かほう》として、門戸を競っている在来の炮術では問題だと、手厳しい批判をくわえた。

天保十二年五月上旬、秋帆は武州豊島郡の徳丸ヶ原で火砲と歩騎兵《ほきへい》の演武をおこなった。「天保十二年五月九日於武州徳丸原西洋砲術業書《わざしょ》」によると、当日は臼砲《きゅうほう》による榴弾《りゅうだん》の仕《し》掛打《かけうち》と焼夷弾《しょういだん》、ホーイッスル砲による小型の榴弾の仕掛打、馬上の射撃、鉄炮備打《そなえうち》、野《や》戦砲三連《せんほうさんれん》と小筒打《こづつうち》である。演武に立ち会った幕府鉄炮方の田付と井上の両氏は、西洋流は童子戯にひとしいとこき下ろしたが、なによりも参観者を驚かせたのは、各種の弾丸が一定の間隔をおいて破裂する信管《しんかん》の仕掛けであった。

海防を最優先課題とした幕閣《ばっかく》は高島流の採用を決意し、諸藩の多くがこれにならったが、まもなく秋帆は旧守派《きゅうしゅは》の妬《ねた》みをうけて失脚した。しかし、嘉永六年（一八五三）六月、ペリーが四隻の艦隊をひきいて浦賀《うらが》に来航すると、いっそう武備の強化がさけばれ、弟子江《え》川英龍《がわひでたつ》の尽力によって海防掛御用取扱《かいぼうがかりごようとりあつかい》として出仕し、さらに大砲鋳造方御用掛《たいほうちゅうぞうがたごようがかり》をつとめ、最後に講武所砲術師範《こうぶしょほうじゅつしはん》の地位についた。高島秋帆は慶応二年（一八六六）正月十四日、六十九歳で病死し、文京区の大円寺《だいえんじ》に埋葬された。

秋帆の後継者

秋帆の弟子江川英龍は享和元年（一八〇一）五月十三日、英毅《ひでき》の次男として伊豆韮山《にらやま》の代官屋敷で生まれた。師の秋帆とは、わずか三歳ちがいであった。支配地の伊豆《いず》・相模《さがみ》は海防の要衝にあたり、とりわけ、韮山は海防の拠点とされたこともあって、はやくから英龍は西洋流炮術に親しみ、天保十二年（一八四一）四月十日、徳丸ヶ原の演武の一ヵ月前に秋帆の門をたたいた。幕府は秋帆の兵制改革の意見をいれて、西洋炮術伝授の人選をすすめていたが、英龍を適任者として公認した。

西洋流炮術の伝授は幕府の許可を要したので、英龍は天保十三年に幕府の許可をえて教授をはじめた。幕臣の川路聖謨《かわじとしあきら》、信州松代《まつしろ》の佐久間象山《さくましょうざん》など一〇〇名近くの門人が集まった。天保十四年、英龍は幕府の鉄炮方を命ぜられ、火砲中心の軍制改革を推し進めたが、水野忠邦《みずのただくに》の失脚にあって職を解かれ、以後は韮山にあって大砲の鋳造と西洋炮術の教授に尽力した。しかし、嘉永六年六月のペリー艦隊の浦賀への来航により、師の秋帆とともに再出仕して、海防の任にあたり、品川沖に海岸砲台を構築したり、御茶ノ水の鉄砲鋳製《てっぽうちゅうせい》造所《ぞうしょ》と韮山の鋳造所で江戸湾防備用の大砲の鋳造に奔走したが、業なかばにして本所《ほんじょ》の江戸屋敷において五十五歳で病死した。

西洋流炮術は短期間に長足の進歩をとげ、オランダ兵学に依拠した高島流は時代遅れとなったが、英龍は終生、高島流を唱えて一流を起こさなかった。高島流のほかに西洋流・威遠流《いえんりゅう》・佐久間流などが西洋流炮術として流行した。

日本の炮術は戦乱の時代には実戦的な、反対に戦乱のない時代には実戦から遊離した変則的な、そして対外危機が緊迫すれば、またこれに相応した流派が誕生するように、つねに時代の動きと表裏一体の関係にあった。

鉄炮の基礎知識

なぜ火縄式に固執したか

炮術の常識

日本の鉄炮は一貫して火縄式である。これに対して西欧では火縄式（マッチロック）から歯輪式《しりんしき》（ウィルロック）、さらに燧石式《すいせきしき》（ミュクレット）と、いくどかの改良がくわえられて発達をとげた。「とうのむかしに西欧では鳥銃を棄てているのに、わが国では、いまだに時代遅れの炮術を家法として門戸を競っている。これは困ったことだ」と、高島秋帆《たかしましゅうはん》は手厳しい批判をくわえた。なるほど、日本では幕末に洋式銃が大量に移入されたあとも、火縄式の鉄炮をもちいており、まったく進歩がないといえば、まさにそのとおりである。けれども、延々数百年も使用するには、歴史の必然があったはずである。

また鉄炮の用語も火縄銃とか、あたかも種子島《たねがしま》が代名詞のように思われがちだが、史料に用語をもとめると、それほど単純ではない。鉄炮の構造は銃身と銃床《じゆうしよう》、それに火縄挟みを起動させるカラクリからなる。ところが、現存する鉄炮をみると、銃身や銃床、カラクリ、そして金具の材質も真鍮《しんちゆう》であったり、鉄であったり、形態も一様ではない。また名所《などころ》という部分名称にしても統一がない。これが日本の炮術の特徴なのであるが、こうした鉄炮の基礎知識は意外に知られていない。

発達する発火機

ヨーロッパで火縄式（マッチロック）の発火機が考案されたのは、十四世紀末から十五世紀の交である。ついで十六世紀になると、黄鉄鉱《おうてつこう》と鋼鉄《こうてつ》を摩擦させて連続火花を起こし、これを火皿にうける歯輪銃（ウィルロック）が開発された。ところが、この発火機は機構が複雑なため故障が生じやすいうえに、一挺の値段も高価であり、大量配備を要する軍用銃には不向きであった。

そこで十六世紀のなかば、火打石を鋼鉄にあてる燧石式発火機（スナップハウス）が開発され、少し遅れて外部に燧石式発火機をもつミュクレットがあらわれた。スナップハウスは火蓋《ひぶた》と当金《あてがね》が別になり、両方が連動して起動し、ミュクレットは当金が固定して火打石だけが起動して火花を起こした。さらに十七世紀になると、完全な燧石式発火機のフリントロックが開発され、これがヨーロッパ全土を席巻して、十九世紀初頭まで使用された。幕末期、高島秋帆がオランダから移入した洋式銃砲のなかに、このフリントロックがふくまれていた。

このようにヨーロッパでは発火機にいくどかの改良があったものの、日本では幕末期に欧米の諸銃が移入される十九世紀半を過ぎた明治初年まで、特別なばあい、たとえば、外国勢力が江戸幕府に献上した鉄炮、あるいは鍛冶や炮術師が試作した気砲《きほう》、その他の鉄炮をのぞけば、一貫して火縄式を踏襲した。

一発必中の用法

天文十八年（一五四九）七月、ザビエルは鹿児島に上陸し、やがて山口を訪れて大内義隆《おおうちよしたか》に謁見《えっけん》した。ザビエルが大内義隆に贈呈した品物のなかに「三つの砲身をもつ贅《ぜい》をこらした燧石銃」があった。また佐竹氏の家臣『大和田近江重清《しげきよ》日記』の文禄二年（一五九三）七月三十日の条に黒船を見物したが「火縄いらざる小鉄炮見物する」とある。そして八月七日の記事には「ナンバン筒所望《しょもう》ありたくとて名《な》護屋《ごや》へ遣わされ」とみえる。あとの記事は所望にもかかわらず、「気にいらずにつき帰る」とある。

また三河《みかわ》出身の旅行家菅江真澄《すがえますみ》の『かたい袋』は、文化年間（一八〇四〜一七）にエトロフ島でロシア人と接触した日本人が盗んだ二挺の鉄炮は「火なはてふものかけず、火のいづる火矢なり、紅毛《こうもう》にあるピストルのたぐひなり」という記事を載せている。

このようにはやくから日本人は火縄式以外の鉄炮の存在を知っていたが、とくに強い関心を抱いた様子がない。なぜ三世紀ものあいだ、日本人は火縄式の鉄炮に固執したのであろうか。不思議といえば、不思議である。

ヨーロッパにおける鉄炮の用法は、弾幕《だんまく》をはって敵の行動を阻止することにあった。そのため鉄炮は、より迅速な射撃が要求され、命中精度は二の次とされた。欧米の燧石式や管打式《かんうちしき》（雷汞《らいこう》という物質を銅の管の裏に塗布し、その管を叩いて発火させる）は発火時の衝撃が大きく命中精度に欠けたが、戦術的観点からそれにこだわらなかったのである。

それに対して日本の戦いにおける鉄炮の用法は、一斉射撃による弾幕ではなく、放手《はなちて》の息合《いきあい》に任せた一発必中が重視された。火縄式の鉄炮は引金を引くやいなや、火皿の口薬《くちぐすり》に点火して、瞬時に玉が発放した。そのため発火時の衝撃が少なく、命中精度に優れていた。炮術流祖の誰もが下げ針を打つほどの神技を発揮したという逸話は、これを裏付けている。

それにくわえて元和偃武《げんなえんぶ》以後の炮術流派の稽古が、標的射撃中心となったため、命中精度に優れた火縄式の鉄炮がひきつづいて使用された。この結果、火縄式の鉄炮が、延々と数百年にわたって踏襲された。これが歴史の必然である。したがって日本の鉄炮と欧米のそれを比較して、日本は火縄式であるから、時代遅れとみたり、性能が格段に劣るという評価は的外れといわなければならない。

日本では欧米の銃砲が移入されるまで一貫して火縄式の鉄炮であった。したがって特別なばあいを除けば、鉄炮といえば火縄式にきまっている。

中国兵書の影響

ところが、歴史の史料にその用語を求めると、それほど単純ではない。天文十七年（一五四八）の成立とされる『運歩色葉集《うんぽいろはしゅう》』の元亀《げんき》年間（一五七〇〜一五七二）の写本に「銕包」、慶長年間の『易林本節用集』に「鉄炮」「鉄丸」とあるくらいで、慶長以前の古辞書の用語は少ない。ところが、江戸時代にはいると、古辞書の鉄炮関連の用語が急に多くなる。たとえば、延宝八年（一六八〇）刊行の『合類節用集《ごうるいせつようしゅう》』の器財部《きざいぶ》をみると、つぎの用語がある。

発熕（イシビヤ・ハツコウ）又云《またいわく》西洋砲（セイヤウハウ）、銃薬（タマグスリ・トウヤク）又云火銃薬、鉄炮銃薬、鉄炮、鉛弾（ナマリダマ）又云鉛弾子、

また享保二年（一七一七）版行の『和漢音釈書言字考節用集《わかんおんしゃくしょげんじこうせつようしゅう》』は元禄十一年（一六九八）八月に槇島昭武《まきしまあきたけ》（駒谷散人）の序がある。乾坤《けんこん》以下一二に分類し、片仮名の音訓、語

句の意味、出典を明記し、所収語彙も多く、原典の引用、詳細な語注がほどこされている。

銃砲関係の用語は、やはり器財部にあるので、それをつぎに羅列したい。

銅発熕（イシビヤ）其制見「武備志《ぶびし》」、西洋砲同、

叭喇（ハラカン）鳥銃一種見「武備志」、仏狼機《ふらんき》同、

炮礫火矢（ハウロクヒヤ）

銃卵（ドウラン）鉄炮具或作銅卵、

銃架（ダイ）鉄炮所言出「武備志」

銃頭（ダイジリ）同上、

銃薬（タマクスリ）

鉛子（タマ）「武備志」

絲転（ネジヌキ）鉄炮具「武備志」左転則入右転則出、

線薬（クチクスリ）鉄炮所用見「武備志」

錫鰲（クチクスリイレ）

鳥銃（テウジウ）

鉄炮（テツホウ）

火門（ヒクチ）
火蓋（ヒブタ）
龍頭（ヒバサミ）
薬池（ヒザラ）
槊杖（ヒザオ）
搬軌（ヒキガネ）
銃口（スクチ）

舶載された中国兵書の影響をうけて『和漢音釈書言字考節用集』の銃砲関係の語彙は少なくない。この一四年後の正徳三年（一七一三）、寺島良安《てらしまりようあん》によって百科事典の『和漢三才図会《わかんさんさいずえ》』が著され、巻第二十一兵器征伐具で「小銃（コヅツ）」「鉄炮（テツホウ）」の名所をあげ、中国や朝鮮の文献や日本の「鉄炮記」を引いて各部の名称を説明している。中国文献の引用も多いが、「羽子板金（ハコイタ）」「用心金」「鑷金（ケヌキガネ）」「台〆金（カンシメガネ）」など、国内で流行していた炮術の用語が採られている。

『永代節用大全無尽蔵《えいたいせつようだいぜんむじんぞう》』は寛延三年（一七五〇）一月に桑楊《そうよう》が編纂し、宝暦二年（一七五二）に江戸と京都で刊行された。乾坤《けんこん》以下一三部門からなり、鉄炮は「武具之図大概」に名所図があり、「すくち」「かるか」「はじき金《がね》」「だいじめ」「引金《ひきがね》」「しばひき」「火なわ通《とお》し」「だいじり」「けんとう」など、むずかしい用語はいっさいない。

歴史用語

それでは古文書や古記録の用語はどうであろうか、やはり古辞書の鉄炮が、もっとも多いが、それ以外の用語も少なくない。つぎに説明をつけた用語を一覧にして示したい。

〔鉄炮〕　通常の小銃、この用語は多い。

〔鉄砲〕　鉄炮と同義、用例は少ない。永禄三年五月の上杉氏の制札《せいさつ》、元亀三年五月二十四日、上杉氏の鯵坂長実《あじさかながみ》の書状、元亀二年十月二十六日の今川氏真《いまがわうじまさ》の感状、その他、数例がある。ただし原文を活字に直す際、炮の字を砲と置き換えた可能性もある。

〔大鉄炮〕　通常の小銃にくらべて大きい鉄炮。現在のところ、初見は永禄五年、相模後北条氏一門の北条氏邦《うじくに》（乙千代）の文書にみられる。

〔木鉄炮〕　砲身を木で拵えた木砲《もくほう》のこと。木筒《きづつ》ともいう。元和八年十一月、改易《かいえき》処分された本多正純《ほんだまさずみ》の宇都宮城の城付武具に四尺二寸の木筒がみえ、大坂の陣でも豊臣方が使用した。砲身の長さのある長方形の木材を二個用意し、両方のなかを抉《えぐ》って、上下をあわせてかぶせる。外側を丸く削ったあと、竹でぐるぐるに巻き締める。点火部の木が燃えないように銃尾の内側に銅板を張り、火門の小口《こぐち》も銅板で作る。当然のことながら、通常の青銅製ないし鉄製の大型砲にくらべて装薬量は少なく、使用回数にも限界があった。現存する花火筒と誤解することがある。

〔鉄放〕　鉄炮の当て字、この用例は少なくない。

〔鉄烽〕　鉄炮の当て字、この用例はひとつしかない。

〔手火矢《てびや》〕　鉄炮のこと、おもに九州地方に用例が多い。石火矢《いしびや》は大砲の意味で、手火矢と対応する。九州地方には薩摩筒《さつまつつ》という形式の鉄炮がある。薩摩筒は和泉《いずみ》の堺や近江《おうみ》の国友《くにとも》で作られる鉄炮と形態がちがう。地板《じいた》、火挟みは鉄をもちい、弾金《はじきがね》というバネが外部にない内カラクリである。薩摩筒を手火矢と称したと考えると辻褄《つじつま》があう。

なお、四国地方における鉄炮の初見は、土佐幡多郡《とさはたぐん》中村の一条康政《いちじようやすまさ》が渡部主税介《ちからのすけ》の戦功を賞した弘治三年（一五五七）二月二十九日付のつぎの感状である（『土佐国蠹簡集《とさのくにとかんしゅう》』）。

今度、岐多川表において手火矢所持利運《りうん》せしめ候、これにより加増なさる者なり、仍《よつ》て執達《しったつ》の如《ごと》し、

弘治三年二月廿九日　　　　　　康政（印）

渡部主税介殿

一条氏は豊後大友氏と姻戚関係にあった。手火矢の用語は豊後大友氏経由で土佐に鉄炮が伝播《でんぱ》したと考える根拠になる。

〔(角・丸)筒《つつ》〕　銃身の形状による呼称。断面八角形を角筒《かくづつ》、丸形を丸筒《まるづつ》、さらに上部の一辺を平らにする上辺一角通《じょうへんいっかくとお》し、あるいは銃口部が角形、丸形に膨らんでいるものなど多様である。稲富流と田付流《たつけりゅう》は角筒、藤岡流は銃口部が丸く膨らんだ丸筒、関流は上辺一角の丸筒、荻野流は銃口部を角形に膨らませた角筒。

永禄五年ころと推定できる越前朝倉氏《えちぜんあさくらし》一門の沙門宗秀《しゃもんそうしゅう》の手紙に贈答品の鉄炮を「国友《くにとも》丸筒」と書いている(「湊文書」)。丸筒の鉄炮の流派は特定できないものの、その仕様は朝倉氏に関係した炮術師が作成したにちがいない。その流派の鉄炮が丸筒ということになる。さらにこの手紙は国友の地で鉄炮が製作された初見文書として注目される。

〔(六匁)玉筒〕　鉄炮は玉薬《たまぐすり》を爆発させて玉などを放つが、玉目《たまめ》、すなわち、玉の重さは、小は一匁(三・七五グラム)から大は数貫目(一貫目は三・七キロ)まで五〇種以上におよんだ。玉目と筒をあわせて何匁(目)筒と表現する。この表現がいちばん多い。

〔(六寸)筒〕　筒に銃身の長さをつけていう。

〔(国友)筒〕　鉄炮の製造地を冠して種子島《たねがしま》筒、国友筒、堺筒、備前筒《びぜんづつ》、有馬筒《ありまづつ》、薩摩筒などというばあいがある。

〔大筒《おおづつ》〕　火縄式鉄炮で口径の大きいもの、あるいは天辺火皿に指火《さしび》式で点火する口径の大きいものの両様がある。二〇文目玉以上。

〔中筒《なかづつ》〕　口径が中くらいのもの、一〇文目玉くらい。

〔小筒《こづつ》〕　口径の小さなもの、六文目玉以下。

〔長筒〕　銃身の長い筒。

〔馬上筒〕　馬上で使用する銃身の短い鉄炮、馬乗筒、馬の上筒《うえつつ》ともいう。

〔狭間筒《はざまづつ》〕　城郭の狭間でもちいる銃身長のある鉄炮。

〔町筒《まちづつ》〕　遠距離射撃を目的に開発された銃身長のある鉄炮、射程は数千《メートル》に達する。

〔持筒《もちづつ》〕　個人所有の鉄炮。

〔番筒〕　貸与の鉄炮、数筒《かずづつ》ともいう。

〔足軽筒〕　軽卒の使用する鉄炮。

〔侍筒〕　玉目一〇匁の鉄炮。

〔稽古筒〕　炮術の稽古にもちいる鉄炮。通常の鉄炮にくらべて銃身が短い。

〔威筒《おどしづつ》〕　鳥獣駆除に使用された鉄炮、空砲を放ち、ときに領主の許可をえて玉を込めた。

〔猟師筒〕猟師の使用する鉄炮。

〔南蛮筒〕外国製の鉄炮、ヨーロッパのものを指すとは限らない。天正十四年四月、徳川家康が北条氏政に「てつはうなんはん筒」を贈っている（「家忠日記」）。

〔異風筒《いふうづつ》〕通常の形と異なる鉄炮。異風物、意府物と書いた伝書もある。

表2　石見国津和野城の城附鉄炮一覧

名　称	玉目	数量	備　　考
石火矢		3	入　籠　4
台無筒		2	
	65	2	
	60	1	
	50	2	台　　無
	30	5	台　　無
	30	4	
	20	5	長　不　同
	15	6	長　不　同
	12	6	長　不　同
古　筒	中筒	20	
	10	64	長　不　同
	10	9	長　不　同
	6	74	
	6	72	台　無　筒
	6	22	台無新地
	10	1	持　　筒
	6	1	持　　筒
	6	285	一尺二寸不同異風物
	3.5	60	右小筒同前
	3.5	61	馬の上筒
	3.5	27	古　　筒
	3	275	古　　筒
	3	14	古筒台無

『城鉄炮並武具之目録』より。

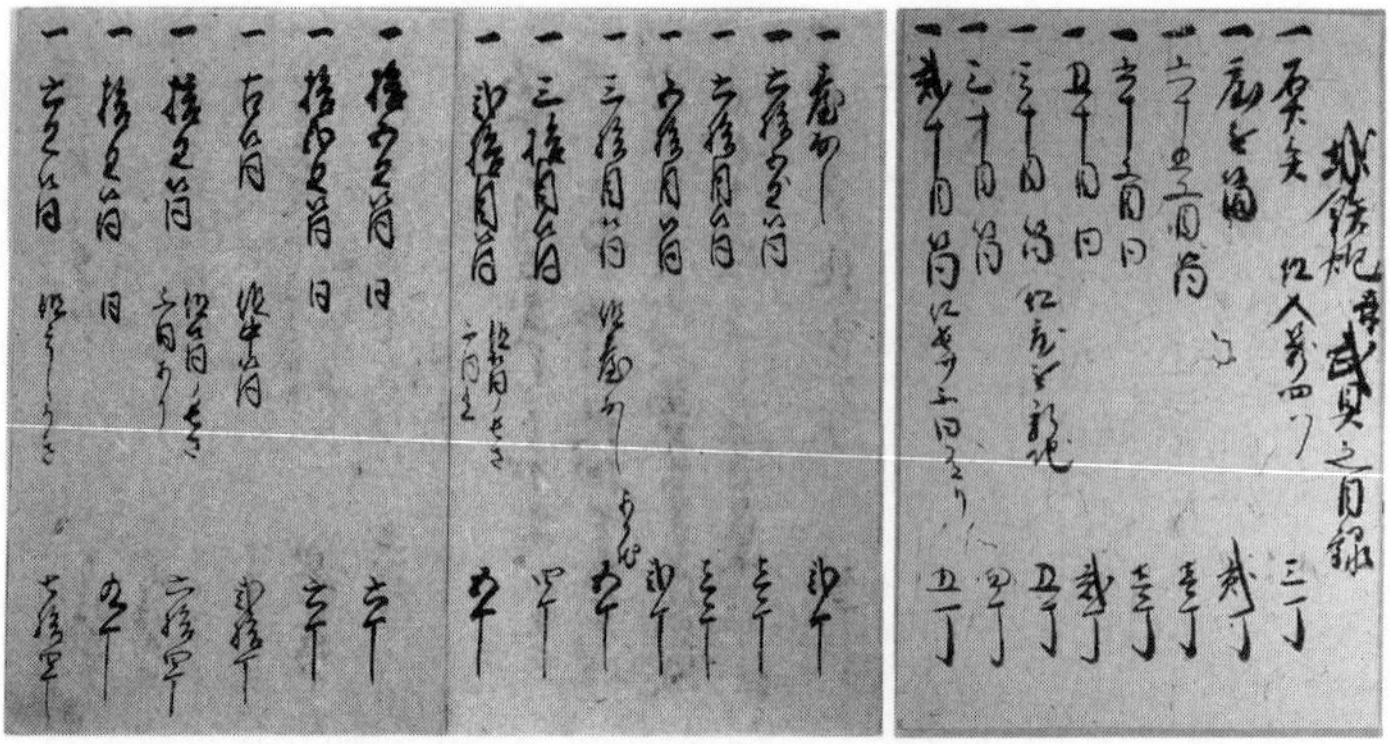

鉄炮並武具之目録』亀井家文書，国立歴史民俗博物館蔵）

〔（稲富）筒〕　筒の前に炮術諸流の流派名を冠して稲富筒などと称した。
〔古筒〕　中古の鉄炮。
〔張筒〕　鍛造《たんぞう》で製作した銃砲。
〔鋳筒〕　鋳造で製作した銃砲、とくに青銅製の火矢筒、石火矢が作られた。
〔火矢筒〕　銃身が七センチから五〇センチくらいで短く、青銅製、あるいは鉄製がある。玉走《たまはし》りがないため、玉を放つことはできない。専用の棒火矢《ぼうびゃ》を放った。とくに短いものを短火矢筒《たんびやづつ》と称した。

多様な玉目

因幡鹿野《いなばかの》の城主亀井政矩《かめいまさのり》は元和三年（一六一七）八月、江戸幕府から石《いわ》見国《みのくに》の津和野城《つわのじょう》を預かった。城引渡しの『城鉄炮並武具之目録』には一〇二二挺（目録の集計による）もの銃砲の明細が載せられている。多様な鉄炮が存

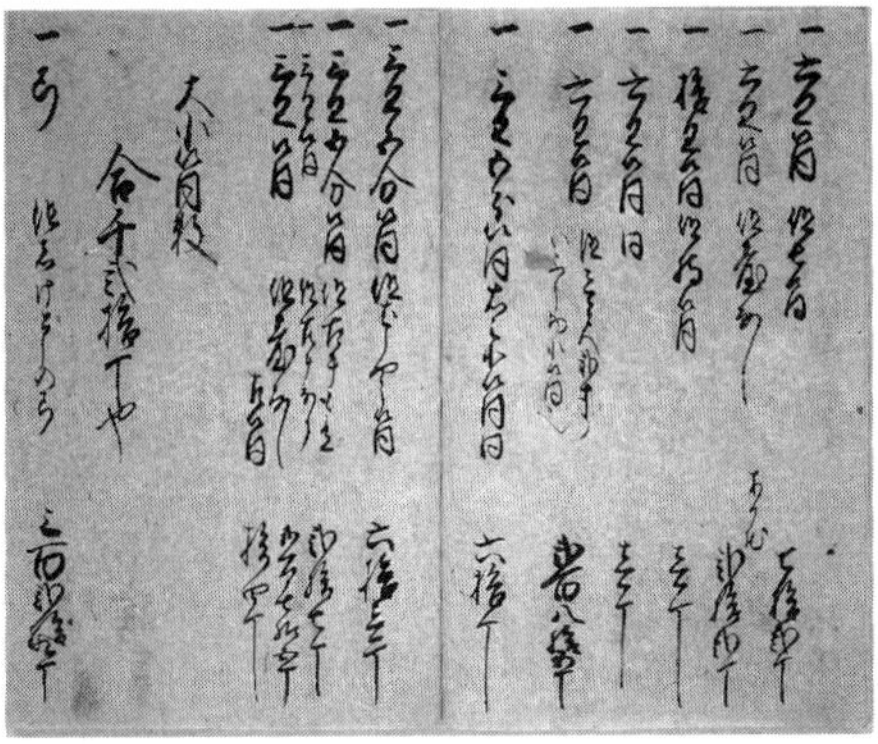

図6　多様な玉目（『城

在したことを知るために明細一覧を表2として示したい（『亀井家文書』）。

玉目は玉の重さ、石火矢《いしびや》の入籠《いれこ》は入れ子のこと、玉と玉薬を装填する石火矢の付属品、一挺の石火矢に五個の入れ子が付属する。この形式の石火矢は仏《ふ》狼機砲《らんきほう》という外国に起源をもつ青銅製の大砲であって鉄炮ではない。台無筒《だいなしつつ》は銃床のない銃身だけの意味、火縄式の大鉄炮でも銃床と火縄挟みを取り外して使用することがあるが、これは銃身上面の天辺にあけられた火門に点火する指火式《さしびしき》の大筒である。

異風物は異風筒のことで、これが二八五挺ある。注記によると銃身長はまちまちで、一尺五寸（約三六センチ）の短銃身もふくまれていた。江戸時代の豊島流の『炮術秘書』には、田布施流《たぶせりゅう》の田布施源助忠宗《ただむね》が工夫した二尺の六目筒は、その形が通常の鉄炮とちがうので異風筒と称したとある。このようにさまざまな鉄炮の形態が存在したことは、それだけ多くの流派が存在したことを意味している。

鉄炮は流派の象徴

鉄炮の注文書

さきにも触れたが、つぎの文書は慶長二十年（一六一五）二月朔日《さくじつ》、堀《ほり》丹後守直寄《たんごのかみなおより》が近江日野《おうみひの》の鉄炮屋町田左京に出した注文書である（「大和文華館所蔵文書」）。

鉄炮三百挺あつらへ（誂え）申す、注文の事、

一、長さ二尺六寸五分の事、

一、もと（本）口一寸一分三厘の事、

一、すへ（末）口八分半の事、

一、すあい（巣合）三匁五分の事、

一、火さら《(皿)》のあな《(穴)》そと《(外)》ひろく、うち《(内)》せまくきり《(錐)》を申すべく候、

一、だい《(台)》白かし《(樫)》ただしだいなり《(台形)》田付流の事、

一、かなこ《(金具)》しんちゅう《(真鍮)》上々、ただしいづれも丈夫につかまつるべき事、

一、せんさし《(栓差)》座なくの事、

一、火なわ《(縄)》とほし《(通)》あり、

一、鉄炮薬五匁づつためし《(試)》候て、請取べくの事、

一、いかた《(鋳形)》三膳の事、

一、三百挺代銀六貫三拾目の事、

一、八月中に出来相渡し申すべき事、

一、鉄炮のだい《(台)》引かね《(金)》の下にくきぬき《(釘抜)》きやきかねにあいもん《(相紋)》の事、

右、あつらえ候所、よつて件《くだん》の如《ごと》し、

慶長弐十年

二月朔日　　堀丹後守《(直寄)》（花押）

日野鉄炮屋

町田左吉殿

田付流の仕様

近江の日野は国友とならぶ鉄炮の産地である。この注文書によれば、鉄炮の数量は三〇〇挺、玉目は三匁五分、銃身の長さは二尺五寸五分、銃身の太い方の本口《もとくち》が一寸一分三厘、銃口の末口《すえくち》の寸法がその半分。火皿の穴は外を広く、中を狭く錐《きり》をいれる。台は白樫《しらかし》、台の形は田付流の仕様にする。金具は真鍮《しんちゅう》をつかい、銃身と台を固定する栓差《せんさし》の座は不要で、火縄通しの穴をもうける。試《ため》しの火薬は五匁。玉鋳形《たまいがた》は三膳。三〇〇挺の代は銀六貫三〇目。八月中に完成させて引き渡すこと。そして鉄炮の台、引金の下に相紋の「釘抜《くぎぬき》」を焼金で付けることなど、細かな仕様が書かれている。

鉄炮は鉄の銃身と木部の銃床からなる。田付流では銃床を台、銃身の太い方を本口、銃口を末口といった。銃身は玉薬を詰める薬室、玉が走る玉走《たまばし》り、玉が放出される末口、すなわち、銃口からなる。銃身と銃床は銃身底部に沸かし付けにされた栓差と本口にある締め金具の胴金《どうがね》で固定された。栓差は目貫《めぬき》、目釘《めくぎ》ともいい、座に蛇の目や桜透《さくらす》かしなど好みに任せた意匠の飾金具をもちいた。注文の田付流の鉄炮は、この座を不要とした。

胴金は巻金《まきがね》、責金《せめがね》、台締《だいじめ》ともいい、ここから斜め下方に銃床に彫り込みをいれ、火縄挟みを起動させるカラクリを装置した地板《じいた》を嵌《は》め込んだ。毛抜金《けぬきがね》、松葉金《まつばがね》、あるいは弾金《はじきがね》ともいうバネは外部にとりつけた。地板はその形が羽子板《はごいた》に似ているので羽子板金とも称した。

関流の鉄炮の仕様

土浦藩の炮術師関信貞は寛政九年（一七九七）十一月、江戸の鉄炮鍛冶に五〇目玉張筒《はりづつ》一挺を注文した（「関家文書」）。このときの注文書をあげたい。

五拾目玉張筒一挺　寸一寸六厘

一、筒尺丸筒上角ばかり立てるべし、角幅本口にて六分、先口にて五分　二尺三寸
一、本口　二寸
一、先口　一寸八分
一、腰先口《こしさきぐち》より三寸置いて　一寸六分
一、前目当《まえめあて》入る所本口より　六寸六分置いて
一、前目当高さ　三分三厘
一、前目当長さ　幅一角一ぱい
一、先目当《さきめあて》高さ上幅一分五厘、筒付ける所三分五厘
一、先目当長さ　六分五厘

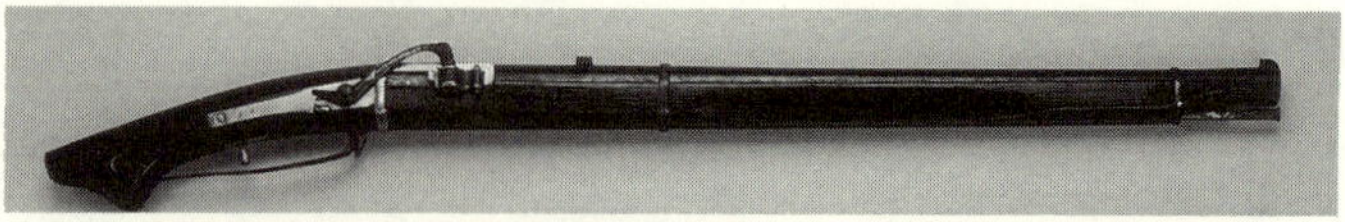

図７　丸筒，内カラクリ，地板の形状，大きな用心金に特徴のある関流の鉄炮（土浦市立博物館蔵）

一、鋎《ねじ》の長さ、但し、袋鋎にて袋深さ三分　二寸四分
一、火皿　但し、本口より通穴迄二寸一分　一寸四分
一、栓差　但し、本口より一寸七分一所 先口より三寸三分一所　二所
一、金物　但し、しんちゅう（真鍮）色吉鉄金物刃鍛　一式
一、鋳形　鉄分一付
一、ためし薬六十五文目二放　但し、すきためし　星入《ほしいれ》共に請け合い

右、注文にて下張り、能々《よくよく》鍛《きた》え、かわら（瓦）鍬金にて薬持《くすりもち》まで二重巻き、少しも疵《きず》これなきように請け合い、仕立、随分《ずいぶん》念をいれ、極《ごく》上《じょう》にみがき上げ、上細工《さいく》いたすべし、

注文書によれば、関流は銃口を先口、銃尾を本口、銃口の手前、少し細くなった部分を腰、目当は前と先をつけて前目当、先目当、銃身と銃床を留める個所を栓差と称した。田付流と関流の部分名称のちがいはあまりない。

統一のない部分名称

ところが、一期の安見《あみ》右近丞《うこんのじょう》一之《かずゆき》（隠岐守元勝《おきのかみもとかつ》）を流祖とする安見流では、銃口の内径を鈴口《すずくち》、銃口に輪をつけた部分を篠口《しのくち》、その間を篠間《しのま》、銃床の先端部を台留《だいどめ》、目当を亀鏡《ききょう》、銃身を筒《つつ》、銃身本口から少しはいった部分を亀尾《かめのお》、その後が頰当《ほおあて》、さらに下に向かって芝打《しばうち》、真下が芝摺《しばず》りなどと称した（「安見流伝書」）。

要するに部分名称は炮術の流派が、それぞれに呼称したのであり、鉄炮の形態も、たとえば、田付流は断面八角形の角筒であり、銃床の形態は左から斜め右下方に直線になっており、関流は上面一角の丸筒、カラクリは外カラクリであり、銃床は右下方に凹みがある。用心金は胴金の後から台尻の内側の下方につけてある。

各部の名称

鉄炮の各部の名称を以下に述べたい。

〔火皿〕　薬池と書いてヒサラともいい、前方を小山、後方を大山、あいだの窪《くぼ》みを谷という。大山には銃腔の薬室に通じる穴があけられ、ここに導火薬の口薬をいれて玉薬に着火する。

〔火蓋〕　火門蓋と書いてヒブタともいい、火皿の蓋。小山にあけた穴に鋲留《びょうどめ》にする。材質は鉄・銅・真鍮《しんちゅう》をもちいた。一枚火蓋は南蛮筒《なんばんづつ》に多く、和製は火皿全体を覆う箱火蓋《はこひぶた》、

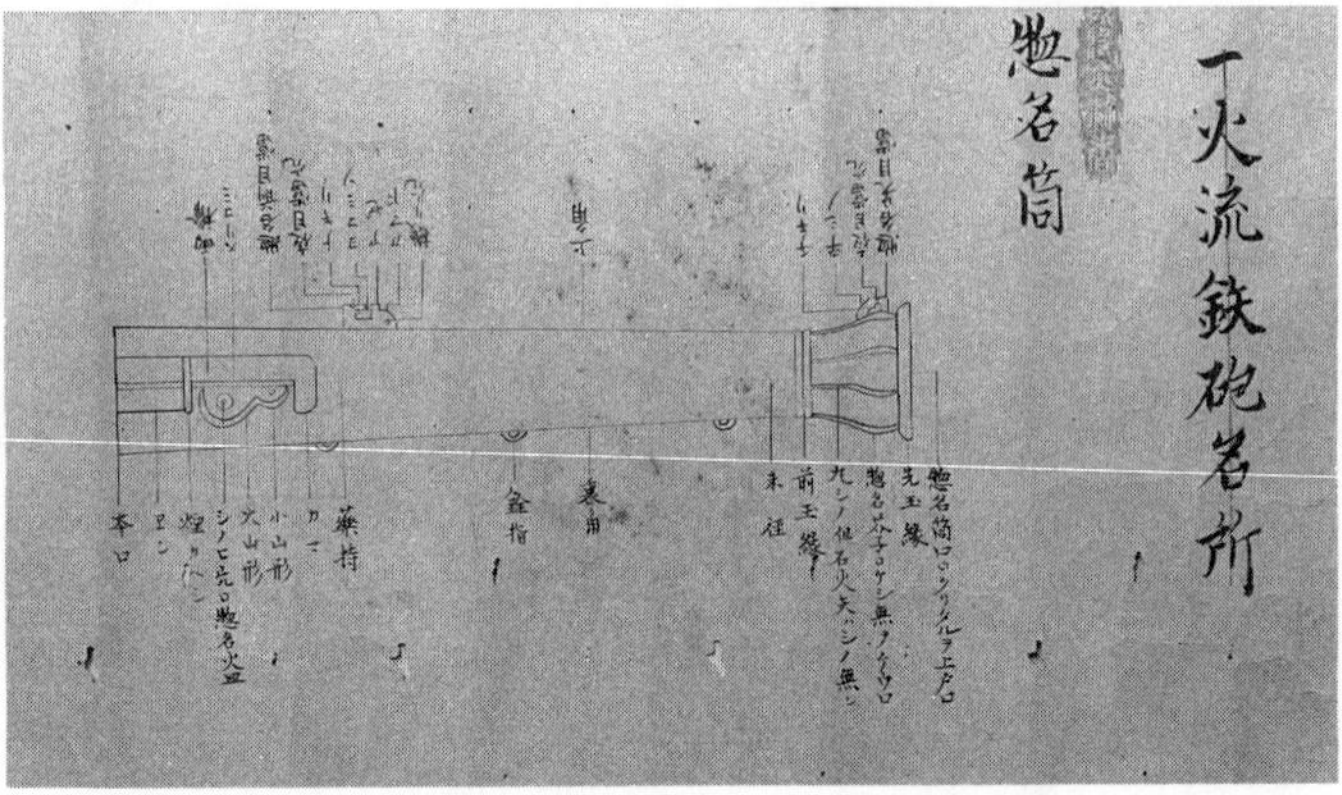

図8　一火流名所図（国立歴史民俗博物館蔵）

あるいは間があいた割火蓋《わりひぶた》をもちいた。箱火蓋は大型の鉄炮にもちいることが多い。

〔目当〕　照星と書いてメアテともいい、見頭《けんとう》、見《けん》当《とう》、目当《めあて》ともいう。標的を狙う照準具、銃身の上面二ヵ所にとりつけ、火皿に近いほうを前目当とか、本目当、銃口のほうを先目当、照星《しょうせい》、先山《さきやま》などという。遠射用の町筒《まちづつ》は本目当と先目当のあいだに、さらに二個、あわせて四ヵ所に目当をつけた。目当の形には、袖形《そでがた》・将棋形《しょうぎがた》・杉形《すぎがた》・段《だん》見《けん》・摺割《すりわり》・千切透《ちぎりすかし》などがある。本目当には矢倉を立てる割り込みをいれた。

〔矢倉〕　矢蔵《やぐら》、櫓《やぐら》とも書き、目当の一種、真鍮と木製があり、江戸初期の泊兵部少輔《とまりひょうぶしょうゆ》一火《いっか》の一火流伝書は、サシ矢蔵、ハサミ矢蔵、ネジ矢蔵、コサル矢蔵、タタミ矢蔵、オコシ矢蔵の各種を伝えている。

〔カラクリ〕　銃身と銃床を留《と》める胴金から斜め下方の地板《じいた》内にある火縄挟みを起動させる装置。毛抜金《けぬきがね》（弾金《はじきがね》）が地板の外にあるのを外カラクリ、内部にあるのを内カラクリという。南蛮カラクリ、外記《げき》カラクリ、平《ひら》カラクリ、常上《つねあ》がりカラクリ、蟹の目なきカラクリなどがあり、それぞれ機能に微妙なちがいがあった。

〔雨覆《あまおおい》〕　雨水などが火皿に流れ込むのを防ぐために火皿と銃身のあいだに取り付けた鎌《かま》形《がた》の金具、竹拵《たけこしらえ》の金具の楔《くさび》で固定した。

〔火挟み〕　火縄を挟む金具、材質は鉄・銅もあるが、真鍮が多い。火挟みの先端を龍頭《りゅうず》、貝口《かいのくち》、穴を猪目《いのめ》、火縄の煙返しの透かし、煙通しの穴ともいう。龍頭だけでヒバサミということもある。

〔弾金《はじきがね》〕　毛抜金、あるいは松葉金ともいい、火縄挟みを倒すバネ。

〔槊杖《さくじょう》〕　軽木、カルカ、込矢《こめや》、矢、玉杖《たまつえ》、狩鹿《かるか》、撞薬杖《どうやくつえ》、銃楔などといい、玉や玉薬を込める道具。堅木の割木を円く削ってもちいた。先端に穴をあけ、これに布切れを巻きつけて、射撃後、銃腔を掃除する洗い矢としてもちいた。カルカを納める銃床底部の穴を矢袋、カルカ納めの穴、矢袋下の引割を裏引という。鉄製もある。

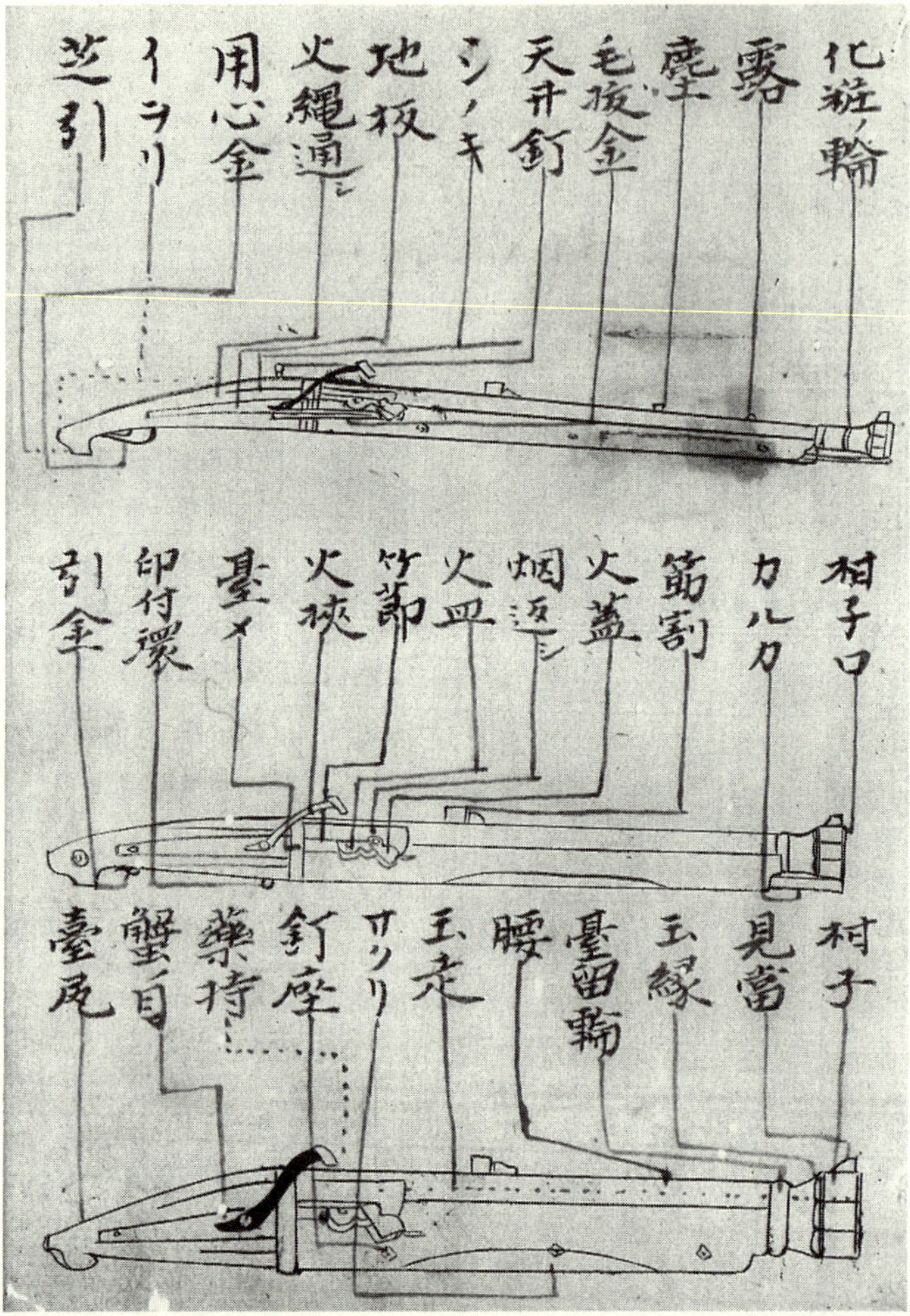

図９　中島流名所図（「中島流管窺録」所収，国立歴史民俗博物館蔵）

〔火縄〕　切火縄と輪火縄がある。切火縄は五寸から七寸くらいに切って、片端《かたはし》を糸で縛って、大筒にもちいた。木綿、竹、檜《ひのき》、杉皮《すぎかわ》、槿《むくげ》の皮を材料に丸組の紐《ひも》にした。竹火縄は春《はる》日《び》には一日三尋《みひろ》、一五尺も燃えたという。ただし、一度濡れると、乾きが遅いため戦場ではもちいないとされた。それに対して木綿や檜は火移りがよくないものの、年月をへて湿気をふくんでも、乾燥させれば、すぐにもとの状態にもどった。材料によって火縄には長短があった。

〔早合〕　鉄炮は銃口から搠杖で玉薬を込め、つぎに玉を送りこむ前装銃である。玉と玉薬を別々に装塡すると、手間がかかって射撃速度が落ちた。そこで早打《はやうち》のときは、あらかじめ一発分の玉と玉薬をいれた張子《はりこ》、あるいは桐材で管状に拵えた早合《はやごう》という容器を用いた。蓋をとって銃口にあてると、玉薬、ついで指で玉を送り込めば、装塡は完了する。番筒は早合を一〇個つなげて一〇連とするが、侍筒《さむらいづつ》は二連とした。早合をいれる容器が胴乱《どうらん》であるが、筒乱、銅卵、銃卵とも書いた。腰につける腰付胴乱、連雀《れんじゃく》をつけて肩に担う荷《に》担《ない》胴乱がある。

首掛早合の栓は韋《なめしがわ》のタンポが多いが、韋は濡れると具合が悪いので、木で作って韋を着せて、内側に鹿皮を張り、玉の重みで底が少し下にでるようにする。ここを指で押せば、玉が送り込める。

〔玉薬入〕　銃薬と書いてタマクスリと読ませることもある。玉薬《たまぐすり》をいれる容器、口薬入《くちぐすりいれ》とともに湿気を帯びない桐の木などを材料とし、塗りは好みに任せた。

〔口薬入〕　線薬と書いてクチクスリ、錫鰲と書いてクチクスリイレと読ませる。口薬は玉薬の粒子を細かくしてもちいた。口薬は火皿から薬室に通ずる火路にもちいた導火薬のこと、この容器を口薬入といい、印籠形《いんろうがた》、胴形《どうがた》、障泥形《あおりがた》、船形、茄子形《なすがた》など各種あった。寛永十五年（一六三八）の松江重頼《まつえしげより》編の『毛吹草《けふきぐさ》』は、口薬入の名物を山城の誓願寺《せいがんじ》前と伝えている。

〔玉鋳形〕　玉をつくる道具。個々の鉄炮に付属し、一膳二膳と数えた。ヤットコ状の先端部が正方形で半円の窪みをもつ一個から、長方形の複数の玉を拵《こしら》える鋳形があった。珍しい鋳形として粘土製がある。玉目にあわせて鋳造するが、ときに薄紙や正絹《しょうけん》を鋳形に敷いて、銃腔との隙間を調整することがある。

〔玉〕　材料は鉛、鉄、銅、青銅、錫と銅の合金などがある。また複数の玉を装塡した「二ツ玉」「三ツ玉」「切玉」などもあった。合玉は相玉ともいい、口径にぴったりした玉の意味であるが、合玉二個を込めた玉を二ツ玉という。しかし合玉三個を込めて一度に放つと、銃腔を傷めるばかりか、弾速がえられないので、このばあいは合玉を一個とし、ほかの二個は、それより少し小さい「劣玉」をもちいた。これが三ツ玉である。

天正十六年（一五八八）十月十三日、北条氏邦《うじくに》の陪臣《ばいしん》吉田新左衛門の軍役に「大玉廿、但し切玉」とある。また慶長年間（一五九六〜一六一五）に備中《びっちゅう》国奉行をつとめた小堀政《こぼりまさ》一《かず》は近江の国友鍛冶に「切玉」を注文している。伝書の説明によれば、切玉は三匁五分の玉を一〇〇粒ぐらい用意し、この丸い玉を叩いて四角形にし、つぎに油で練《ね》り固めながら、角柱状に組み上げる。最後に角を削り落として円柱状にする。これを切って玉にする。これが名称の由来である。吉田氏の軍役では大玉となっているから、通常の玉より大きい。このほかにも多様な玉が存在した。これはあとでも触れたい。

〔銘〕　無銘が多いが、銃身に鍛冶の名を刻んだものがある。鉄炮は鍛冶・台師《だいし》・金具師《かなぐし》の三細工が製作にかかわったが、銃身は鍛冶が担当した。鍛冶名は筒の底部に切るが、銘文には「国友藤左衛門」「田中善五郎」と鍛冶名のみ、また「江州《ごうしゅう》日野和田治太夫重光」「摂州《せっしゅう》住榎並屋佐兵衛」と国名と鍛冶名をつけるばあい、そのほか「天保三壬辰二月　弐《に》重《じゅう》　巻張《まきばり》讃州《さんしゅう》住国友長三郎繁定《しげさだ》」と製作年月日、巻張の程度、鍛冶の国名と鍛冶名を連記することがある。台師は銃床を製作するが、「大嶋吉兵衛友昌」のように姓名を墨書した。

金具師は地板《じいた》、弾金《はじきがね》、火縄挟み、用心金、引金、芝引《しばびき》などを製作するが、やはり印を切った。

なお、刀剣の産地、備前の長船《おさふね》、肥前の胴田貫《どうたぬき》の銘をもつ銃砲が存在し、ある時期、刀鍛冶も銃砲の製作に関与した。

〔象嵌〕筒上面には使用者の姓名や家紋、所有者の定紋、炮術師の姓と名、伝書の一部引用、経文、信念など、森羅万象の事物を金銀、銅、真鍮《しんちゅう》、その他の合金を象嵌《ぞうがん》の技法で描いた。

幕末期、対外危機に遭遇した幕府は弘化《こうか》二年（一八四五）十二月、遠国《おんごく》の役所に備えてある武器類を調査した。大坂城には大小九〇〇〇挺の銃砲があったが、象嵌の有無も調査の対象になった（「遠国武器類」）。

記載された象嵌を分類して一覧にすると、つぎのようになる。

紋章その他――分銅《ふんどう》、丸の内左の字、丸の内本の字、丸の内三引三の字、丸の内扇子、両本、一の字、三の字、片輪車、扇子丁子《せんすちようじ》、惣唐草《そうからくさ》、釘貫《くぎぬき》、腰障子《こししようじ》、矢屏風《やびようぶ》、糸蕪《いとかぶら》、重扇《かさねおうぎ》、桔梗《ききよう》、唐草、芥子《けし》、黒餅、菊一柳、両曜雷《りようよういかずち》、倶利伽羅龍《くりからりゆう》、巴、輪宝、神の字、鳩の字、武者人形。

人名その他――稲富伊賀守、一夢、田付兵庫入道宗鉄判、稲富伊、浅弥兵、福島掃部頭所持。

鉄炮伝書その他――運閃電機霹靂手、鳴警動万群兵、爾入死門放不生松風、爾入死門放不生、鉄炮一代名末代一夢判、南妙法蓮華経、唯当眼心小鼓、鍾馗、浦の苫屋田付兵庫入道判、天津風手にしたかふる扇哉　田付宗鉄判、思無邪、山之井百発百中、活生、渡唐天神。

〔刻印〕　明治政府は明治五年（一八七二）一月二十九日、太政官《だじょうかん》から銃砲の取締規則を公布した。布告の内容は、威力の少ない四匁八分玉以下の火縄銃など日本製の銃砲および外国製の散弾銃を許可なく所持、あるいは譲渡することを禁止し、従来から所持の軍用銃および拳銃については、管轄庁に持参して番号と検印を受けて所持すべきと定めた。役所に持参された鉄炮には明治五年の干支の壬申《じんしん》と番号、それに所在地名が刻された。伝世する鉄炮に壬申刻印があるのは、この時期、国内に存在した証明になる。

揺籃期の炮術師

将軍の炮術修業

鉄炮普及の再検討

さきに筆者は『東アジア兵器交流史の研究』において鉄炮の伝来や普及、炮術の発生と発達を論じた。鉄炮の普及については、関連する史料を全国的に蒐集し、西国から東国に時間をかけて伝播《でんぱ》したと結論した。

しかし、この説は鉄炮の運用技術の炮術についての考察が、史料的制約もあって不充分であった。鉄炮が普及すれば、それを専門に取り扱う炮術師という武芸者があらわれる。考えてみれば、これはあたりまえである。戦国時代いらいの鉄炮の普及の実像を探る上で、これほど説得力のある課題はあるまい。

鉄炮伝来から元和偃武《げんなえんぶ》までの戦乱の時代は炮術史の一期にあたる。この期間に炮術が発生し、多様な技術が開発されて、武芸としての体系を調えた。現存最古の炮術伝書の年号は永禄《えいろく》二年（一五五九）六月で、その内容は玉薬《たまぐすり》の原料の製法と玉薬の調合法である。鉄炮は玉薬がなければ、無用の長物である。鉄炮伝来後、十数年間の炮術は狩猟の技術に近く、いまだ軍用の域に達していない、いわば、揺籃期《ようらんき》であった。炮術の伝播者に商人や修験《しゅげん》の姿がちらつくのはそのためである。

むろん地域差はあるものの、全国の戦場に鉄炮が出現するのは、天文・弘治《こうじ》を過ぎた、永禄も十年代にはいってからである。これ以後、戦いの激化につれて、炮術は軍用技術への傾斜を深くした。ここでは揺籃期の炮術と炮術師の特徴を考えてみたい。

珍しい鉄炮

室町十二代将軍足利義晴《あしかがよしはる》の管領《かんれい》をつとめた細川晴元《ほそかわはるもと》は、「奔走していただいたお陰で、種子島《たねがしま》より鉄炮がこの方に到来した。まことに悦《よろこ》ばしい。種子島へも手紙を出すので、届けて欲しい」と、山城の本能寺に手紙を出した（「本能寺文書」）。この手紙を今谷明氏は細川晴元の動向から天文十八年（一五四九）七月以前と推定された。

この時期、畿内の勢力者は種子島の鉄炮に深い関心を寄せているが、翌年の七月、京都の上京川端の戦いで鉄炮によるはじめての戦死者がでた。この事実は『山科言継卿記《やましなときつぐきょうき》』

のつぎの記事に明らかである。

三好人数《みよしにんず》東へ打出見物、禁裏築地《きんりつきじ》の上、九過《ここのつすぎ》時分迄各見物、筑前守は山崎に残、云々《しかじか》、同名日向守《ひゅうがのかみ》、きう介《すけ》、十河《そごう》民部太夫以下都合《つごう》一万八千、云々、一条より五条に至り取出、細川右京兆人数足軽百人計《ばかり》出合、野伏《のぶせ》これあり、きう介与力《よりき》一人鉄―に当死、云々、東の人数吉田山の上に陣取出合ず、江州衆北白川山上にこれあり、終《つい》に取出ずの間、九過諸勢これを引く、

晩年、足利義晴は反幕府勢力に対抗して、如意ヶ嶽《にょいがたけ》に城郭を築いた。「万松院殿穴太記《あのうき》」は、その堅固ぶりを、つぎのように伝えている（『後鑑《のちかがみ》』）。

（上略）猶《なお》、御城山の事のみ御心にかけさせ給ひて、右京兆晴元・弾正少輔定頼朝臣に御談合在て、二月十六日乙亥《いつがい》に又普請ありて、ほどなうつくり出せり。誠に百万騎の勢にて攻る共《とも》、一夫いかって関城にむかひなば容易落難し、山高して一片の白雲嶺を埋み、谷深くして万仞《ばんじん》の岩路を遮《さえぎ》り、つづら折なる道を廻りて登事《のぼること》七、八丁、南は如意が嶽に続きたり、尾ざきをば三重に堀切て、二重に壁を仕て、其間に石を入れたり、是《これ》は鉄炮の用心なり、四方には池を掘て水をつたへたれば、昆明池《こんめいち》の春の水に夕日を浸して淵淪《えんりん》たるに異ならず、摂丹《せったん》を目の下に見おろし、寔《まこと》に名城共云べし、

この城は鉄炮の用心のために二重に壁を拵《こしら》えて、あいだに石をいれたとある。これは畿《き》内《ない》の戦いに鉄炮が使用されはじめたことを伝えているものの、この時期の鉄炮は、それほど威力があったとは思えないから、過剰防衛のきらいがある。また山科言継が鉄炮の戦死を書き留めたのは椿《ちん》事《じ》であったからにほかなるまい。そうだとすると、天文末年の鉄炮の使用は、活発とはいえない。

玉薬の調合法の取得

将軍足利義輝《よしてる》（義藤《よしふじ》）は足利義晴の嫡子で、天文十五年（一五四六）十二月二十日、十一歳の若さで、室町十三代将軍の地位についた。天文二十一年十二月、将軍が十七歳のとき、大坂の石山本願寺に焔硝《えんしよう》を所望した（『石山本願寺日記』）。ただちに石山本願寺は和泉《いずみ》の堺から焔硝一〇斤を調達して若い将軍に献上した。

この前年、天文二十年十二月二十日、同寺の下間頼言《しもつまらいげん》は鉄炮で射た雁《がん》の汁を蓮如《れんによ》の末子順興寺実従《じゆんこうじじつじゆう》に馳走している。これは国内における鉄炮所持の早期の記録であるが、鉄炮が狩猟の道具になっている（同前）。足利義藤は石山本願寺に鉄炮があり、ふだん同寺が堺から焔硝を入手していることを知っていた。だから所望したのである。これは足利義藤の炮術修業の証拠になる。

玉薬は焔硝に炭と硫黄を調合してできるが、その成分配合比率は炮術の知識を必要とした。この知識の移入が鉄炮伝来にあったことは、「鉄炮記」のつぎの一節に明らかである。

この歳、重九《ちょうきゅう》の節、日は辛亥《しんがい》に在《あ》り、良辰《りょうしん》をえらび取りて、試《こころみ》に妙薬と小団鉛とを、その中に入れ、一小白を百歩の外に置き、これに火を放てば、則《すなわち》それ殆《ほと》ん《ん》ど庶幾《ちか》からんかと、時人始めはすなわち驚き、中にはすなわち恐れてこれを畏ぢ、終には翕《きゅう》然《ぜん》として、また願わくば学ばんと、時堯その価の高くして及び難きを言わずして、蛮種の二鉄炮を求めて、もって家珍となす、その妙薬の擣《つき》篩《ふるい》、和合の法をば、小臣篠川小四郎をしてこれを学ばしむ、時堯朝に磨き夕べに淬《きょ》め、勤めて已《や》まず、さきの殆ど庶《ちか》き者、ここにおいて百発して百中し、一を失う者なし（下略）

本書は後世の著作であり、記事のすべてを鵜呑みにできないが、南蛮人から鉄炮を入手し、玉薬の製法を会得し、種子島時堯《たねがしまときたか》が鉄炮を稽古したという箇所は信じてもよい。というのは、種子島時堯へ「南蛮人から直《じか》に相伝した玉薬は、じつにすばらしいと聞いた将軍が、ぜひ、その調合法を教えて欲しいと懇望《こんもう》している」と将軍側近の近衛稙家《このえたねいえ》の手紙にあるからである（「島津家文書」）。

関東への早期の伝播

ここに足利義藤の炮術によせる関心の深さを証明する有力な根拠がある。それは天文二十二年（一五五三）五月二十六日、東上野《ひがしこうずけ》の新田《にった》金山《かなやま》城主の横瀬成繁《なるしげ》に出された将軍と側近の二通の手紙である（「集古文書」「編年上杉家記」）。将軍のほうには「数寄《すき》と聞いたので、鉄炮一挺、これを遣わす」とあり、側近のほうには「（鉄炮）が数寄だということを聞いた将軍が、南方から鍛冶を召し寄せて、城山で鉄炮一挺を作らせた。その出来栄えは、まことに見事であったので、これを将軍は秘蔵しようと思っていたが、特別に下された」とある。

横瀬成繁は武蔵七党の猪俣《いのまた》党の出身で、上野国新田荘横瀬の地を本拠とした豪族で、はじめ新田岩松氏にしたがい、その後、下《げ》剋上《こくじょう》して新田金山城を根拠に東上野に一大勢力を築いた。ときに越後上杉氏との関係も親密で、上杉氏の関東幕注文《ばくちゅうもん》には新田衆の筆頭に名を連ねている。畿内勢力に翻弄される将軍家の期待は、横瀬氏の実力と上杉氏との親密な関係にあった。

さて側近の手紙にある南方の鍛冶とは、和泉堺の鉄炮鍛冶と推測するが、鉄炮は鍛冶の一存ではなく、注文主、すなわち、足利義藤の仕様にしたがった。この時代の玉目《たまめ》（口径のこと、玉の重さで大きさを表した）は、それほど大きくはないが、慶長年間の玉割表によると、小は約四ミリの一分玉から、大は一四八ミリの五貫目玉まで、その種類は五〇種以上におよんだ。ひとくちに鉄炮といっても大小さまざまであった（所荘吉『図解古銃事典』）。この時代では、まだここまでの多様性はないと思うが、この仕様の作成には炮術の知識が必要になる。

なお、足利義藤は横瀬氏の鉄炮好の情報をどこで入手したのだろうか。二年前の天文二十年八月八日、門跡《もんぜき》聖護院《しょうごいん》道増《どうぞう》は関東に下向した。このとき、足利義藤は横瀬成繁への手紙をことづけているから、この情報源は聖護院道増とみなければなるまい。なんと天文二十年の八月に上野国新田金山城主の横瀬成繁は鉄炮を所持していたのである。関東地方への鉄炮の伝播《でんぱ》は意外に早かった。

鉄炮を蒐集する将軍

室町将軍は戦国大名に偏諱をあたえ、叙位・任官を朝廷に奏請《そうせい》し、大名同士の争いを調停した。天文二十三年（一五五四）八月、足利義藤が豊後の大友義鎮《おおともよししげ》を肥前守護に補任《ぶにん》したのも、その例に洩れないが、この年の正月十九日、将軍の側近大館晴光《おおだちはるみつ》は大友義鎮につぎの手紙を出した（『編年大友史料』）。

飛鳥井《あすかい》大納言殿が南蛮鉄炮を進上するつもりであったが、急に病気になってしまったので、息子の安居院《あんごいん》が朽木谷《くちきだに》に下向してきて、（鉄炮）を将軍に披露したところ、たいそう将軍は喜ばれ、御内書《ごないしょ》を出された。将軍は鉄放をたくさん所持しているが、只今、進上のものは無類で、一段と気にいった様子で、秘蔵されるにちがいない。

ここでいう南蛮鉄炮は外国製であるが、この当時、大友氏と南蛮勢力との接触は頻繁であった。すなわち、天文十八年（一五四九）七月二十一日、ザビエルは鹿児島に上陸、博多、山口をへて京都にはいった。しかし、室町将軍から全国布教の許可がえられず、ただちに平戸《ひらど》にもどり、ふたたび大内義隆の山口を訪れた。大友義鎮（宗麟《そうりん》）がザビエルの一行五名を豊後《ぶんご》に招いて、大いに歓迎したのは、二年後の九月である。ザビエルは二ヵ月後に豊後を離れたが、大友義鎮はポルトガル国王に親書と贈物を呈し、家臣を随行させた。

ザビエルの帰国後、天文二十一年（一五五二）七月、宣教師パルテザル＝カゴが二人のポルトガル人と鹿児島に上陸し、八月に豊後の国に入った。カゴは大友義鎮に謁見《えっけん》して熱心に教を説き、義鎮もまた熱心に耳を傾け、領国内の滞在と布教を許可するなど寛大な態度を示した（外山幹夫『大友宗麟』）。

ザビエルが山口を訪れた際、大内義隆に一三種類の品物を贈ったが、そのなかに「三つの砲身をもつ贅《ぜい》をこらした燧石銃《すいせきじゅう》」がふくまれていた。この燧石銃はマラッカの長官ペドロ・ダ・シルバが日本国王への贈物として用意したが、これをザビエルは大内義隆に贈呈した（岡田章雄「南蛮人とキリシタン」）。

足利義藤が南蛮鉄炮の進上をうけた時期、大友義鎮と南蛮人との接触は頻繁であり、なおかつ大内義隆は新式の三連発の燧石銃をザビエルから贈呈されている。はたして足利義藤の手にした南蛮鉄炮が西欧のもので、最新式であれば、燧石銃とみられなくもないが、この点はわからない。大友氏は肥前《ひぜん》守護職獲得のために南蛮勢力から南蛮鉄炮を入手して、炮術に熱中する将軍足利義藤にそれを贈って歓心を買った。

第一世代の炮術師

織田信長は青年のころ、橋本一巴《はしもといっぱ》について鉄炮を稽古した。また美《み》濃《の》の斎藤道三《さいとうどうさん》と富田の正徳寺で会見したとき、信長の御伴衆《おともしゅう》の陣容は「七、八百人、三間間中《まなか》の朱鑓五百本、弓・鉄炮五百挺」であった。さらに駿河今川方の村木城を攻めたとき、信長は堀端から狭間《はざま》を攻め取るように鉄炮隊に命じ、放手は交替しながら鉄炮を連放した（『信長公記《のぶながこうき》』）。

信長は天文三年（一五三四）生まれだから、鉄炮の稽古は天文二十年前後、正徳寺の会見と村木城攻めは、ともに天文二十三年である。御伴衆は弓・鉄炮あわせて五〇〇挺とあって、確かな数字は摑めないものの、一挺や二挺ではあるまい。そして放手が交替で城を攻めている場面は、橋本一巴が織田家中に炮術の稽古をつけている姿が連想される。

慶長十五年（一六一〇）九月吉日の稲富一《いち》夢《む》理《り》斎《さい》が大久保藤十郎に授けた伝書の奥書《おくがき》につぎの一文がある。

右、書物、天文廿三年十一月廿四日、佐々木少輔府次郎より祖父相模守に渡す、代々重宝、これを用《もち》い来《きた》り畢《おわんぬ》、然《しか》りと雖《いえど》も、種々様々懇望《こんもう》により、一流一返拾一巻通、書写しこれを進せ候、他人は申におよばず、縦《たとえ》、親子兄弟御一類相弟子たりとも、一字一点他見、他言有間敷《あるまじく》候、若《もし》、毛頭《もうとう》他見においては、誓紙《せいし》の如《ごと》く、天罰《てんばつ》去らず、立所《たちどころに》御蒙（ママ）あるべきの条、能々《よくよく》御誡に秘すべき者なり、

大久保藤十郎宛伝書の奥書のすべてに、この文言がある。稲富一夢理斎は稲富流の伝系

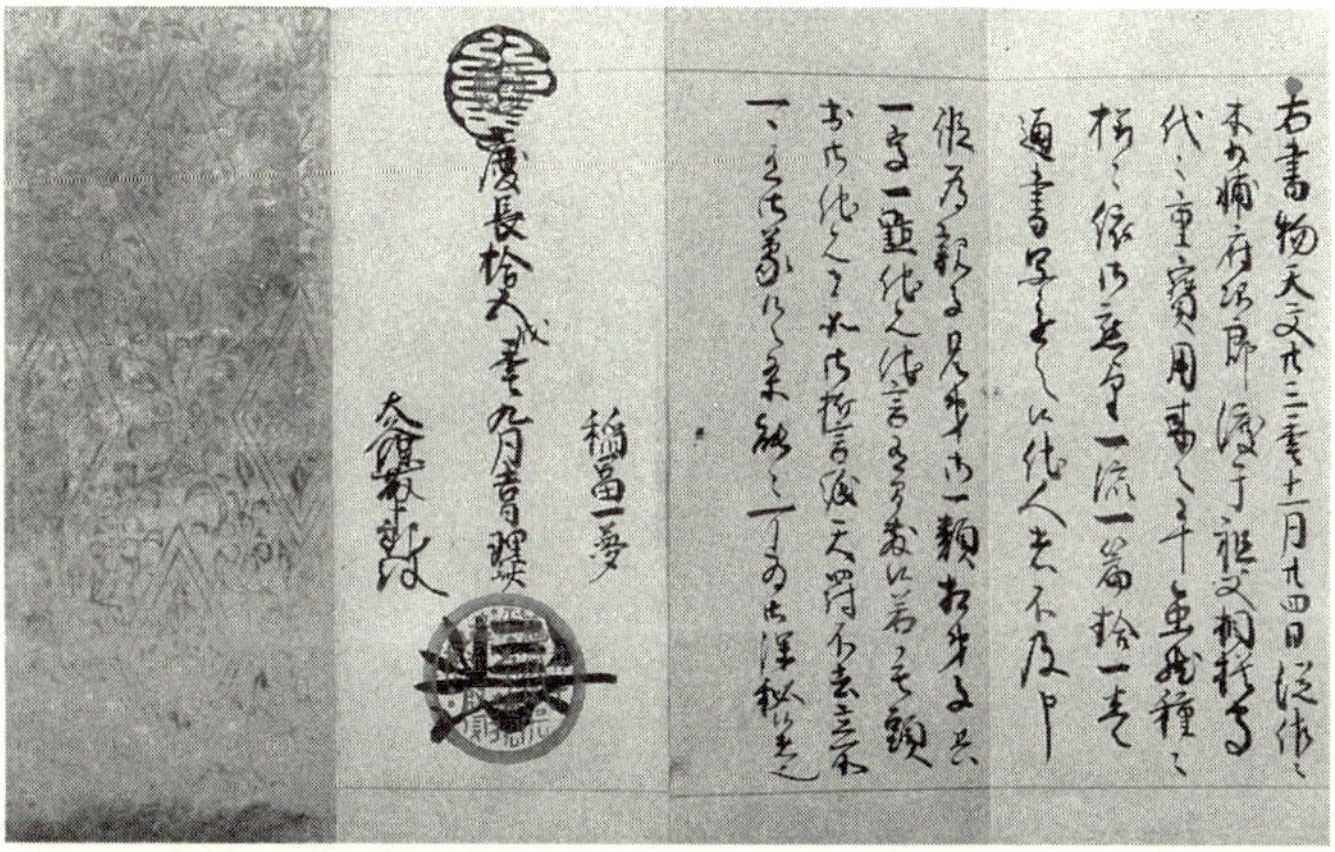

図10　稲富流伝書（慶長15年9月大久保藤十郎宛，奥書，稲富流の伝系を明記，国立歴史民俗博物館蔵）

を、天文二十三年十一月二十四日、佐々木少輔府次郎から祖父の相模守が伝授されて、代々相伝したむねを書いている。この伝書発行の五ヵ月後、慶長十六年（一六一一）二月六日に稲富一夢理斎は六十二歳を一期《いちご》に駿府《すんぷ》において病死している。逆算すると、生年は天文十七年となり、奥書の天文二十三年の当時は、まだ五歳の幼児である。祖父の稲富相模守は橋本一巴と同世代の炮術師であった（歴博蔵）。将軍の炮術師の名までは詳《つまび》らかにできないものの、稲富相模守や橋本一巴の存在から、足利義藤が炮術を稽古し、なおかつ伝授をうけていたことは、もはや否定できまい。

現存最古の伝書

鉄放薬方並調合次第

永禄元年（一五五八）十一月、近江《おうみ》の朽木谷《くちきだに》に避難していた将軍足利義藤《あしかがよしふじ》が帰京すると、長尾《ながお》景虎《かげとら》は帰還祝賀のため、翌年四月二十七日、京都にはいり、六月二十六日には、将軍から一族三管領《かんれい》に準ずる待遇と塗輿《ぬりこし》の使用を免許された。

近江坂本に滞在していた長尾景虎は、この下旬に腫物《はれもの》を患い、将軍の見舞いをうけたが、その見舞品は、豊後《ぶんご》の大友新太郎が将軍に進上してきた鉄炮と「鉄放《てっぽう》薬方《くすりかた》並《ならびに》調合《ちょうごう》次《し》第《だい》」であった（「上杉家文書之一」「編年上杉家文書」）。

この「鉄放薬方並調合次第」が、現存最古の炮術伝書で、内容は玉薬《たまぐすり》二種の成分配合比率と、それぞれの物質の製法を以下のように伝えている。

一、ゑんせう(焔硝)　二両二分
一、すみ(炭)　一分二朱
一、いわう(硫黄)　一分

又

一、ゑんせう　一両二分
一、すみ　一分
一、いわう　三朱

いつれも上々

炭、すなわち、灰の木は、河原楸《かわらひさぎ》か、勝木《かちぼく》がよいが、枯れ過ぎはよくない。せいぜい四、五十日が最適である。老木はよくないが、若立ちよりなければ、老木もやむをえない。灰の木を一尺くらいに切り、皮をよく削り、中のすをよく取り除いて日干しにするが、夏は陽射《ひざし》がつよいので、一〇日から一四、五日も干《ほ》せばよく枯れる。通常はだいたい、二〇日余り日干しの後、陰干にして灰の木を焼くのである。

つぎに深さ二尺くらいの穴を掘り、五寸くらいに切った藁《わら》を穴の下に敷き、灰の木を上に積み、下から火をつけ、灰の木が勢いよく燃えはじめたら、木の上に藁をかける。このとき、木がよく焼けていれば煙はでない。つぎに穴の上に桶《おけ》を逆さにかぶせて蒸《む》し消しにする。炭を消したら、炭を湯で煎《い》り、さらに取り上げてよく炙《あぶ》り、よく干《ほ》して調合する。ただしこれは上等の薬であって、普通はここまで丁寧にしなくてもよい。

つぎは焔硝の製法である。一斤の焔硝に通常の天目茶碗《てんもくちゃわん》九杯分の水を入れ、それが三分の一になるまで煎減《いりへ》らし、差渡《さしわたし》一尺の桶に入れて一日、放置した後、桶の下の汁を別の桶にあけ、桶の底に付いた焔硝は、一日ほど干した後に篦《へら》で落として、これをよく干し、さらに残りの汁を半分に煎減らして、天目茶碗に水一杯を入れて湯玉《ゆだま》が生じるまで煎る。そのあと、桶のなかに置いたまま、熱をさげて冷やすのである。

つぎは硫黄である。硫黄は赤くて黄色のものを使わなければいけない。青い色はよくない。もし硫黄に白砂などが混じっていたら、それを小刀で削って調合する。ともかく硫黄は色さえよければよい。柔らくてもいいが、堅ければ、なおさらよい。

薬研《やげん》でおろすとき、灰が立ったら、薬が湿らない程度に茶筅《ちゃせん》で水を打ちながらおろすことが大事だ。硫黄の粒がみえなくなったら、薬を板の上に少し置いて火をつけてみる。そのあと薬を紙に包み、その上に布を三重に包んで、結び目をしっかり留めて、板の上に置いて、堅くなるように足で踏み固める。その後、堅くなった薬を細かに刻むのである。玉薬をつくる際は、その座敷には、一切、火を近づけてはならない。火が入ったら、たちまち大変なことになる。試しに薬に火をつけるときであっても、近辺に薬のないように確めなければいけない。火と薬の間隔は、少なくとも二、三間は離さなければいけない。決して油断してはいけない。

薬の調合は手間がかかるが、慣れてしまえば、少しも手間ではない。五斤、あるいは六斤を調合するときは、薬の分量を勘案して、薬研《やげん》で荒くおろし、薬臼《くすりうす》のような石の臼《うす》でつきあわせて細かにする。できあがったら、竹の筒へ突き込めると、薬はよく固まる。筒を割って薬を刻むのである。大略はこのようであるが、口伝で籾井《もみい》に申し含めた。

焔硝製法の伝播

「鉄炮記」は玉薬の調合法を会得したと書いているが、さきの近衛稙家《このえたねいえ》の手紙から、その時期は天文末年になろう。そういえば、天文二十年十二月、石山本願寺の下間頼言《しもつまらいげん》が雁《がん》を鉄炮で射、また同寺が堺に玉薬の原料の焔硝を求めていた。石山本願寺の僧侶は玉薬の製法を知っていたのである。

これが焔硝製法の初見史料と思うが、安芸《あき》の毛利元就《もとなり》が家臣に出した弘治《こうじ》三年（一五五七）前後と推定される三通の手紙がある。一通目は「えんしょう」のことを尋ね、二通目は「塩（焔）硝を作るので、その方の馬屋の土を所望する」とある。そして三通目は「塩（焔）を作る人が罷《まか》り越したので、古い馬屋の土が入用なので、その方に調達を命ずる」というものである（『萩藩閥閲録』、瀬川秀雄『吉川元春』）。

このころ、毛利氏は玉薬の製法を取得したが、これに関連する史料がある。それは弘治三年二月十九日、小早川隆景《たかかげ》が万寿《まんじゅ》（乃美《のみ》元信）に「いま所持している鉛を、給われば、祝着《しゅうちゃく》である。鉄放のためであり、須須磨《すすま》攻めの合力《ごうりき》のためである」と鉛を所望した（『萩藩閥閲録』『毛利元就卿伝』）。厳島合戦後、陶《すえ》方の部将山崎伊豆守興盛父子は須須磨の地にある居城によって毛利氏に抵抗していた。さきの三通は玉薬の原料、ここでは鉛玉の合力が話題になっている。毛利氏が炮術の技術に接したのは、このころであり、戦いにも使用したが、いまだ鉄炮衆を編制するにいたっていない。

焔硝の確保

いっぽう甲斐《かい》の武田氏は弘治元年正月、焔硝移入の任務をもつ彦十郎に対して、一ヵ月に馬三疋分の関税を免除している（『諸州文書』）。毛利氏の焔硝製法の技術が、どこから伝播《でんぱ》したか不明だが、安芸でも、はたまた甲斐の武田氏の領国にも焔硝が流通している。断片的な史料にすぎないものの、天文末年から弘治、永禄初年の段階の炮術は、玉薬原料、とりわけ、焔硝の製法と玉薬の調合に主体があったのである。

永禄十年（一五六七）十月十七日、大友宗麟《そうりん》はマカオの司教ドン・ベルシオール・カルネイロの斡旋をえて硝石《しょうせき》の入手を計画した。その手紙を読みたい（『異国往復書翰集』）。

吾《われ》かの山口王○毛利元就に対して勝利を望むは、彼地《かのち》にパードレ等《ら》を帰住せしめ、始め彼等が受けたるよりも大なる庇護《ひご》を与へんが為なり。而《しか》して吾《わ》が希望を実現するに必要なるは、貴下の援助により硝石の当地輸入を一切禁止し、予が領国の防禦のためにカピタン・モール○葡船の司令官をして、毎年良質の硝石二百斤を持来らしめんことなり。吾は之《これ》に対して百タイス○銀一貫目又は貴下が指定せらるゝ金額を支払ふべし。此方法によれば、山口の暴君は領国を失ひ、吾が許に在る正統の領主○大内輝弘其国に入ることを得べし。

良質の硝石は玉薬の原料である。大友氏は二〇〇斤の硝石を銀一貫目、あるいは言い値で購入すると言っている。このころ、大友氏は外国勢力に石火矢《いしびや》を求めたが、この大型砲の玉薬の消費量は鉄炮の比ではない。それもあって外国から硝石を購入する計画をたてたのである。

天正十四年（一五八六）九月、島津家久《いえひさ》は肥前平戸《ひぜんひらど》に来航した南蛮船から玉薬を購入しようとして使者の同行を上井覚兼《うわいかくけん》に求めた。しかし、覚兼は玉薬の備蓄があるから、その必要はないと答えた（「上井覚兼日記」）。

豊後の田原親家《ちかいえ》は天正八年（一五八〇）七月一日、安東宮内丞以下の鞍懸《くらかけ》城合戦における軍忠《ぐんちゅう》を賞して、つぎの感状《かんじょう》をあたえた（『大分県史料』、なお原本の宛名は一行書）。

節々《せつせつ》、鞍懸城悪党等懸合、軍労を励まれ候趣《おもむき》、誠《まこと》に神妙の至りに候、静謐《せいひつ》の刻、何《いか》様《よう》これを賀《が》すべく候、よって塩硝十斤・玉百五十これを遣わし候、猶《なお》、詫摩《たくま》佐渡入道申すべく候、恐々謹言、

（天正八年）七月一日　　（田原）親家（花押）

安東宮内丞殿・有安帯刀允殿・丸山外記殿・其外郷内一揆中

この段階になると、鉄炮の使用が飛躍的に増大し、いくら焰硝を製造しても、追いつくことはなかった。たとえば、三河の徳川家康は、元亀二年（一五七一）九月三日、高野山《こうやさん》の仙昌院《せんしょういん》と小林三郎左衛門尉に、三河の菅沼《すがぬま》定仙と半五郎の知行地の境目にある鉛山の諸役を免除して採掘させ、もし分国中から銀と鉛がでてきたら大工職《だいくしき》をあたえるとした（「清水文書」）。

また北条氏は天正十一年十二月晦日《みそか》、河津《かわづ》の代官と百姓中に「鉛砂二駄、鉛師並びに松

田兵衛大夫代申す如く、これをとるための旨《むね》、仰せ出だされる」とある。玉の原料の鉛の採掘である（「秩父郡名主左膳所蔵文書」）。

さらに陸奥《むつ》の伊達政宗《だてまさむね》は天正十五年正月二十七日、新宿通りの商人に「具足《ぐそく》・玉薬・焔硝一斤一領も相通すべからず」と通達した。玉薬と焔硝が領内から出ることを警戒したのである（「高梨文書」）。戦いの激化にともない、鉄炮が大量に使用されるようになると、領主は、より多くの焔硝と鉛を確保する必要に迫られた。

狩猟の技術と炮術

かつて筆者は関東および東北地方の鉄炮の普及は西国地方に遅れると説いたが、そんなことはない。天文二十二年（一五五三）五月二十六日、足利義藤《あしかがよしふじ》が新田金山城主の横瀬成繁《なるしげ》に鉄炮を贈ったが、この二年前、聖護院《しょうごいん》道増《どうぞう》が関東に下向したとき、すでに横瀬成繁が鉄炮を所持していた。ここでは関東地方への伝播《でんぱ》の謎を解きながら、揺籃期《ようらんき》の炮術の特徴を指摘したい。

「鉄放薬方並調合次第」の伝存経路

関東への伝播の鍵は、奇《く》しくも現存最古の伝書「鉄放薬方《てつぽうくすりかた》並《ならびに》調合《ちょうごう》次第《しだい》」にあった。この伝書の由来を「上杉家文書」は「義輝公之御内書《ごないしょ》、豊野庄兵衛上ル」と書いて、豊野庄兵衛家が上杉氏に進上したと注記している。そもそも豊野庄兵衛という人物は、江戸初

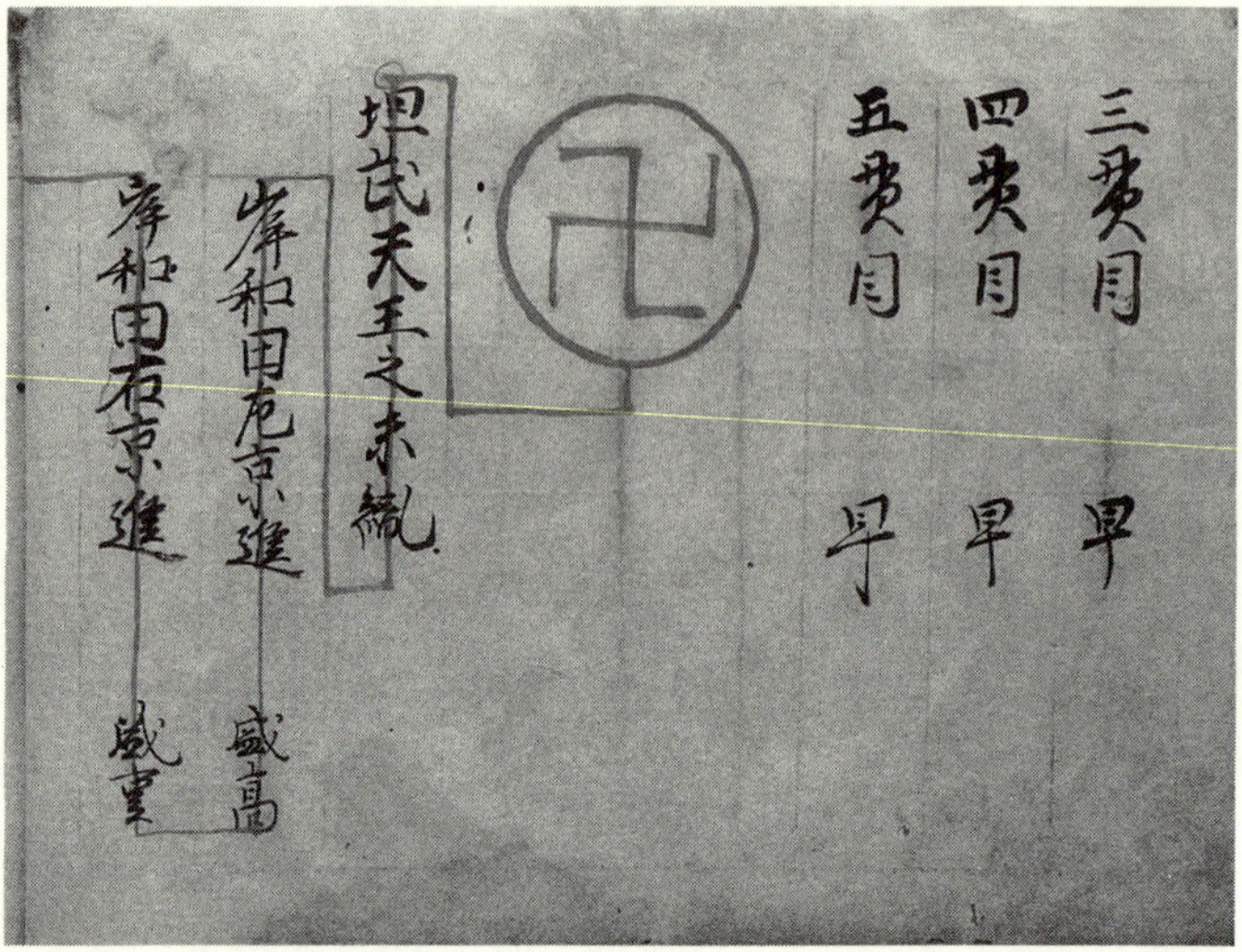

年３月，国立歴史民俗博物館蔵）

期の承応《じょうおう》二年（一六五三）三月吉日に清水造酒丞《みきのじょう》重政から岸和田流《きしのわだりゅう》の秘伝「辞俗鬼《じぞくき》王法《おうほう》目録次第序」を授けられており、その相伝系図をみると、つぎのようにある（歴博所蔵）。

　それ鉄炮の秘術と謂《い》う者、彼家の体事なり、その道を深く弁《わきま》えず、何《なに》を以って、吾《わ》がために与えん哉、おおよそ目録は百千巻を定め、その内、極意《ごくい》これを顕《あらわ》す一品《いっぽん》のものなり、

（本文中略）

桓武天王之末胤――岸和田左京進盛高――岸和田右京進盛重――岸和田右馬頭秀家――岸和田土佐守

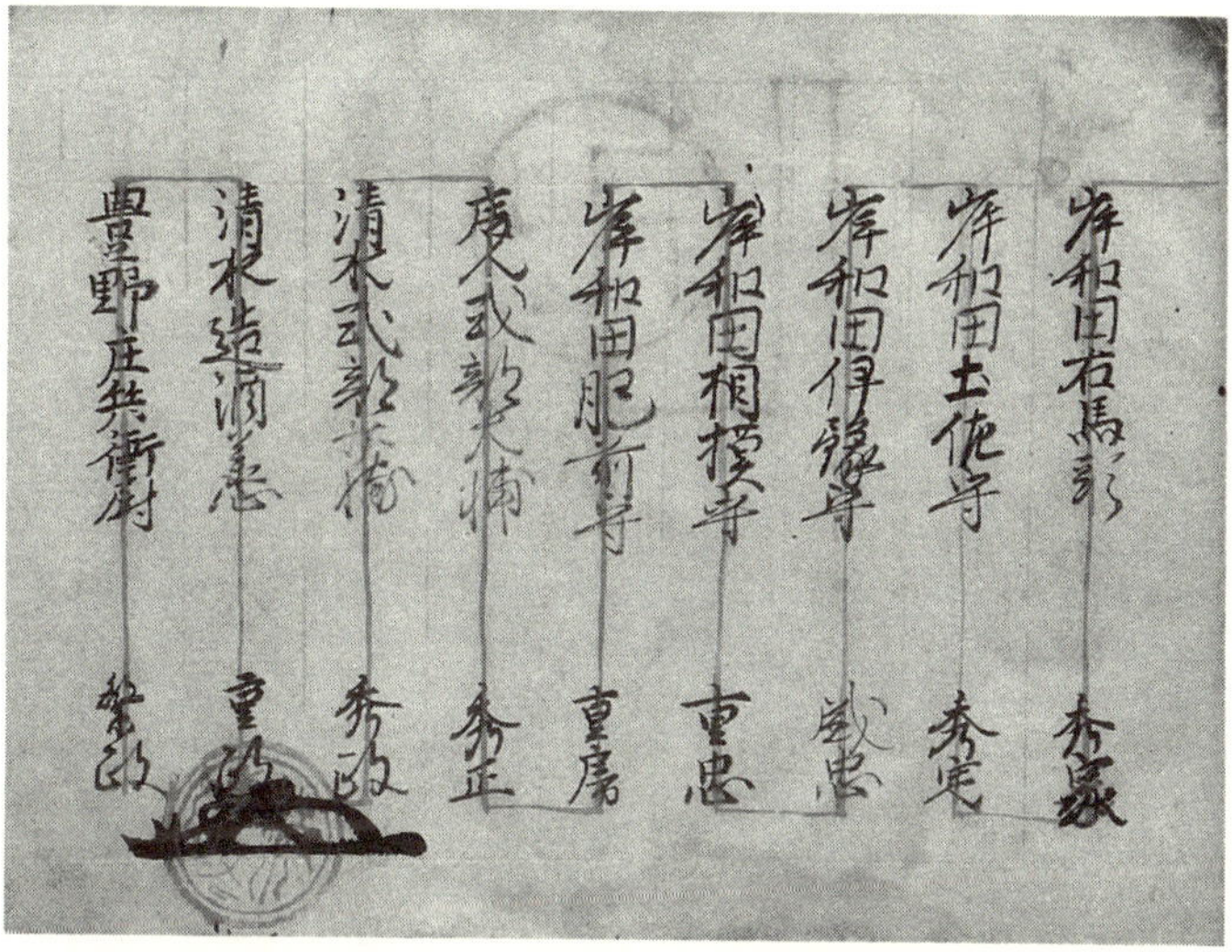
岸和田右馬助　秀家
岸和田土佐守　秀定
岸和田伊予守　盛忠
岸和田相模守　重忠
岸和田肥前守　重房
唐人式部大輔　秀正
清水式部少輔　秀政
清水造酒丞　重政
豊野庄兵衛尉　繁政

図11　岸和田流相伝系図（承応２

秀定――岸和田伊予守盛忠――岸和田相模守重忠――岸和田肥前守重房――唐人式部大輔秀正――清水式部少輔秀政――清水式部六蔵秀政――清水造酒丞重政（花押・朱印）――豊野庄兵衛繁政

右の条々、二道相現れ、知達により、岸和田一流の印可《いんか》これを伝う、永く家壱人に伝うべきものなり、

承応二年
三月吉日
清水造酒丞
重政
豊野庄兵衛尉殿

相伝系図の唐人式部《かろうどしきぶ》大輔秀正は、上杉景勝の代の記録である「鉄炮一巻之事」によると、「又御ふたい《（譜代）》ニからうと《（唐人）》式部太夫と申者御座《ござ》候《そうらい》つる、是《これ》ハ先年、越後《えちご》ニてはて申し候」とあるから、上杉氏譜代の炮術師であり、それも、最近、越後で死没したとある。また清水という炮術師の名も唐人式部とともにみえるから（「上杉家文書」）、前掲相伝系図の先祖の部分は別にして、唐人式部に近い時期の記事は、でたらめを書いているとは思えない。

岸和田流の相伝系図によると、豊野庄兵衛の師匠清水造酒丞重政の先代清水式部六蔵秀政が唐人式部太夫秀正から伝授をうけていた。豊野庄兵衛家に「鉄放薬方並調合次第」が伝わったのは、長尾氏（上杉氏）に流行する岸和田流を同氏が修業していたからにほかなるまい。

足利義輝から拝領した「鉄放薬方並調合次第」は、ただちに炮術師の唐人式部太夫秀正に下賜《かし》された。唐人式部太夫秀正は門人が腕をあげれば、岸和田流の印可を授けたが、「鉄放薬方並調合次第」も由緒ある伝書として授けた。それが数代の師匠をへて、結局、豊野庄兵衛の家に落ち着いたのである。

文禄の岸和田流伝書の発見

文禄三年（一五九四）二月吉日、信濃水内《みのち》郡の豪族屋嶋藤三郎は吉田善兵衛盛定から炮術の伝授をうけた（「守田神社文書」）。現存する伝書は、目当《めあて》の大事、玉薬調合の大事、鉄炮打様《うちよう》の大事、鉄炮に九つの大事、鉄炮の大事、鉄炮位名《いみょう》の事などであるが、この伝書が岸和田流であることは、奥書のひとつに「きしのわだ流とぞ申ニなり、能々《よくよく》口伝《くでん》あるべく候」の文言が、これを証明している。

屋嶋藤三郎の居住する北信濃の地は、武田氏滅亡後、天正十年（一五八二）三月に信長の部将森長可《もりながよし》がはいり、本能寺で信長が倒れた六月、こんどは上杉氏の武将春日衛門《かすがえもん》の支配に属した。吉田善兵衛盛定と唐人式部太夫秀正は、ともに岸和田流の炮術師である。師弟か、同門か不明だが、知り合いだった可能性はある。それはともかく「鉄炮位名の事」にある岸和田流の起源を述べた、つぎの箇所に注目したい。

ここに鉄炮の位名というハ、天地かいびやく《開闢》の御時はじめおきし事、当代にあらず、たいとう《大唐》よりつくし《筑紫》ぶんご《豊後》の国にそこうといふむらあり、そのむらにて鉄炮をひろめし時、彼きしのわだ《岸和田》という人、さつま《薩摩》の国の人にて候か、其時あき人《商》になり、しかはなす《鹿放》やうをつたへ、様子をたんれん《鍛錬》したる故ニ、一流口伝《くでん》するにつゐて、きしのわだ流とぞ申なり、能々《よくよく》口伝あるべく候、すなわち、岸和田流の祖は薩摩国の人で、そのときは商人であった。鹿放というから猟師の射法を伝え、これを鍛錬して、一流を興したというのである。そのつもりで伝書をみると「すずめ《（雀）》うつ玉の事」「つる《（鶴）》のめあて《（目当）》の事、毛のつけね《（付根）》をうつべし」「がん《（雁）》のめあての事、一のは《（羽）》をうつべし」「木鳥のめあてふと身をうつべし」「水鳥のめあての事」などの秘伝があって、狩猟の技術の片鱗をのぞかせている。

狩猟の技術

ところが、これは岸和田流に限ったことではなく、たとえば、宇多《うた》流の伝書にも、水鳥を打つ時の心得が、つぎのように説明されている（「初学抄」）。

水を執《と》る事、浮鳥など放時の事也、水鳥は自由に泳ぎ、その上、波にも浮き沈みあるゆへ、たやすく打ことなり難し、鳥の向の先、何尺程と目当を取りためすべし、行逢ふとき引金《ひきがね》を落し申す也、浮沈ミのときも水を目当に執り、其位に逢たる時、放し申也、

さらに「水鳥の目当の事」として、目当の距離についても、つぎのように説明している。

弐十間ばかりは水ぎわ、但し、葦《あし》の葉越《はごし》は、葉に玉あたり申せば、先にて少し越す心持也、何れも水鳥、木鳥にかかわらず、葉越の口伝同前也、十四五間は水の中程なり、

また「雁の番鳥の事」として、三匁五分玉に玉薬一匁四五分を込めて、正面向、あるいは横向きの目当の距離を、つぎのように説明している。

向より一町三段の内外は　頂上のはずれ、
向より一町二段の内外は　首目の下、
向より一町一段は　首目より五寸も下、
向より一町より内は　首の付根胴と首のさかひ、
向より四拾間の内外は　胸より少し上、
向より三拾間の内外は　胸の中程、
向より廿二三四五六間は　胸と腹の間、
横鳥拾一二間は　下腹一寸かけて、
同　廿四五間　腹のはずれ少しかけて、
同　三拾間の内外は　真中より少し下、
同　四拾間の内外は　羽べりと背の間、
同　五拾間の内外は　せごうかけて、

猪の目当

屋嶋藤三郎宛の岸和田流の伝書には記載を欠くが、宇多流の「初学抄」には「猪《いのしし》の目当」の心得が書かれている。これも狩猟の技術だから、その部分を引用しなければなるまい。

跡より一町一段の内外は　尾の上見上は尾の下、
四拾四五間は　尾の中程、
三拾間の内外は　尾の先きはづれ也、
向ふ一町一段の内外は　鼻先、
五拾間の内外は　腮《あご》口の内、
四拾四五間は　咽の下、但し外の目付也、
三拾七八間は　前足の付本、但し十四五間迄同、
廿四五間は　下腹少しかけて、
右、猪鹿《いのしか》に限らず、大小あるものなれば、一へんに同じ目付と心得申せば、また違ひ申すまま、兎《と》に角《かく》に肝要と申すは、玉わり歩わり習いのごとく、御稽古《おけいこ》なされ一町の内の物、如何程《いかほど》の所にて、いづくを打たる時、星《ほし》に入る事、度々《どど》の事也と決定《けつじょう》して、打申せばけだものなどは、雀、ひよ鳥、鳩には違ひ申す間、多分は中《あた》り申すもの

各票の※印欄は、払込人において記載してください。

払込取扱票

02	東京	通常払込料金加入者負担

口座番号（右詰めにご記入ください）	金額	千	百	十	万	千	百	十	円
0 0 1 0 0 ー 5 ー 2 4 4	※								

加入者名	株式会社 吉川弘文館	料金		特殊取扱	

払込人住所氏名	
フリガナ	
※ お名前	
郵便番号	電話
※ ご住所	

通信欄
ご注文の書籍名をお書き下さい。 ※

◆「本郷」購読を希望します

購読開始　　号より

1年 1000円（6冊）　3年 2800円（18冊）

2年 2000円（12冊）　4年 3600円（24冊）

（ご希望の購読期間に○印をお付け下さい）

受付局日附印

裏面の注意事項をお読みください。　（私製承認 東第20048号）

切り取らないで郵便局にお出しください。

記載事項を訂正した場合は、その箇所に訂正印を押してください。

払込票兼受領証

口座番号	0 0 1 0 0 ー 5	通常払込料金加入者負担
	右詰めにご記入ください 2 4 4	

加入者名	株式会社 吉川弘文館

金額	千	百	十	万	千	百	十	円
	※							

払込人住所氏名	※
料金	（消費税込み） 円
特殊取扱	

受付局日附印

図12　鶴，猪，鹿の目当定（慶長15年9月大久保藤十郎宛，国立歴史民俗博物館蔵）

也、能々鍛錬肝要なるべき也、

伝書は、これに続けて猪や鹿の動作を記し、注意すべき諸点を詳細に述べている。これは、どうみても狩猟の技術といわざるをえないのである。

また稲富流の伝書にも「走り物の事」「駈《か》け鳥の事」「苅田《かりた》の鳥の事」「草の中の鳥の事」「走り物を射る時は、頭より七八寸先を放《はなつ》べし、上へ走りあがる時は、首本五寸ばかり耳のあひを目当にして放べし、下へ来る時は二尺あまり先を放也、下への時は足を踏み、膝を強く打べし、上へ上がる時は足を八文字に踏みひろげ、弓手《ゆんで》の肩に力を入打也」とあって、おなじような記事を載せている（「稲富流伝書」）。

分岐する技術

天文二十年十二月二十日、石山本願寺の下間頼言《しもつまらいげん》は鉄炮で射た雁《がん》の汁を蓮如《れんによ》の末子順興寺実従《じゅんこうじじつじゅう》に馳走した。下間頼言は炮術の技術を鍛錬していた。また永禄八年（一五六五）九月三日、織田信長は美濃松倉郷《みのまつくらごう》の豪族坪内利定《つぼうちとしさだ》に鉄炮で分国内の鹿や鳥を打つこと、すなわち、狩猟の許可をあたえた。その許可書をつぎにあげよう（「坪内文書」）。

分国において貴辺《きへん》、鉄炮にて鹿・鳥打候事、苦しからず候、委細《いさい》、中野又兵衛・小坂井申すべき者なり。よつて状、件《くだん》の如《ごと》し、

永禄八

九月三日　　　　　　　　　　　　信長花押

坪内喜太郎(利定)殿

坪内氏は加賀《かが》の国に住していたが、藤左衛門頼定の時、尾張国から縁故を頼って犬山城代織田白巌《はくがん》のもとにきた。利定が美濃野武の城代坪内又五郎某のあとを継いで、美濃松倉郷を領し、やがて織田氏に属した。坪内氏一族は信長の東美濃入りの案内役をつとめ、木下藤吉郎が坪内氏と連絡をとりながら東美濃を平定した。坪内喜太郎の功績をたたえた信長は分国内における鉄炮による狩猟を許した（奥野高広『織田信長文書の研究』）。坪内喜太郎も下間頼言と同様、炮術の技術を鍛錬していたのである。

天正元年（一五七三）四月二十日、上杉謙信は上条弥五郎(政繁)宛の手紙のなかで「当地、(糸(魚)井)河へ、昨晩、着馬せしめ候、信州諸口、如何《いか》にも無事に候間、心易《こころやす》かるべく候、小野主計、山中に鉄炮の音壱つなり候とて、信玄打出《うちいで》候由《よし》申す、諸軍へ恐怖たるべく候、此《この》鉄炮は狩人の鉄炮の由、申し候、少しも案じ間鋪《まじく》候」と、行軍中の出来事を伝えた（「歴代古案」）。

小野主計が山中で鉄炮の音がしたので、信玄が攻めて来たと言ったので、全軍が恐怖したが、この鉄炮は狩人のものであって、一安心した、というのである。

鉄炮は玉目によって装薬量がちがった。小さい玉目であれば、銃声は小さいし、大きい玉目であれば、とうぜん銃声も大きい。狩人の獲物が諸鳥や小動物ならば、小筒で十分であるから、銃声は大きくない。それに対して軍用の威力ある鉄炮は六匁から一〇匁筒だから、銃声は大きい。むろん銃声を聞き分けたのは謙信ではなく、炮術に通暁した武士か、あるいは同陣していた炮術師にちがいない。戦乱をよそに山中で狩人は鉄炮で獲物を追い、かたや戦場では敵勢を倒すために鉄炮が使用された。はじめ狩猟と軍用の技術は判然としなかったものの、戦いの激化につれて、軍用技術の度合が強くなって、やがて区別が生じたのである。

修験者と鉄炮

商人の岸和田が、猟師の射法を基本に鍛錬をつんで一流を起こした。これが岸和田流の起源である。この流祖、あるいは高弟が諸国を遍歴して、岸和田流を各地に広めたが、関東地方への伝播は天文二十年以前にちがいない。というのは、すでに長尾景虎の時代に岸和田流が流行しており、つぎに紹介する『北条五代記』に「関八州に鉄炮はじまる事」の記事があるからである（『改定史籍集覧通記』）。

見しハ昔、相州小田原に玉滝坊《ぎよくろう》と云て年よりたる山伏あり、愚老《ぐろう》若き比《ころ》、其《その》山伏物語せられしハ、我関東より毎年大峰《おおみね》へのぼる享禄《きょうろく》はじまる年、和泉《いずみ》の堺へ下りしにあらけなく鳴物のこゑする、是ハ何事ぞやととへバ、鉄炮と云物《いうもの》唐国より永正七年に初て渡りたると云て目当《めあて》とてうつ、我是を見、扨《さて》も不思議きとく《（奇特）》なる物かなとおもひ、此鉄炮を一挺かひて、関東へ持て下り、屋形《やかた》氏綱公へ進上す、此鉄炮を放させ御覧有て、関東にたぐひもなき宝なりとて秘蔵し給へバ、近国他国弓矢にたづさはる侍、此よしを聞、是ハ武家のたからなり（中略）

彼鉄炮ハ八郎か弓にも勝るなるべし、所帯《しょたい》にかへても一挺ほしき物かなとねがわれしか、氏康時代堺より国康といふ鉄炮はりの名人をよび下し給ひぬ、扨又《さてまた》根来《ねごろ》法師に杉房二王坊、岸和田などといふ者下りて、関東をかけまはつて鉄炮をゝしへしか、今見れバ人毎《ひとごと》に持しと申されし、（下略）

確実な史料に鉄炮の用語があらわれるのは、天文二十年前後である。これに近いころならまだしも、十数年前というのでは、とても承服できない。しかし、氏綱公に玉滝坊が鉄炮を進上したとか、氏康の治世に根来法師の杉房、二王坊、それに岸和田が下ってきて、関東を駆け回って鉄炮を教えたという部分は、文禄《ぶんろく》三年二月吉日付の吉田善兵衛盛定発行の伝書の説明から納得できる。

ここにみえる山伏の玉滝坊は小田原所在の松原神社の別当《べっとう》で、古くは杉之坊《すぎのぼう》と称した。修験道のうえでは、京都聖護院《しょうごいん》の本山派の修験《しゅげん》で、北条氏と深い関係にあった。たとえば、永禄十二年（一五六九）五月、玉滝坊は北条氏と上杉氏の越相《えっそう》同盟の状況を出羽の伊達《だ》輝宗《てるむね》に伝える使者をつとめている。また天正十六年（一五八八）正月八日、北条氏照《うじてる》は豊臣秀吉との戦いに備えて、吉浄坊・毎楽坊・逸満寺等の修験者に対して、小田原の命令次第、走り廻るように命じ、これに従わない山伏は本山の聖護院に申し上げて死罪に処すとまで厳命している。戦国大名は修験者を領国経営のために活用した（『小田原市史』、新城常三『戦国時代の交通』）。

修験と武芸者

上井覚兼《うわいかくけん》に弓矢を指南した人物は、筑後高良山《ちくごこうらさん》の西俣上総入道快鏡という聖《ひじり》、それに矢野節介という旅人であった。旅人は武芸者であろうが、快鏡は修験である。また織田信長が元亀《げんき》元年（一五七〇）五月十九日、千草越《ちぐさごえ》の山中において暗殺の危機に遭遇したが、その犯人は佐々木承禎《じょうてい》にやとわれた出家の杉谷善住坊《すぎたにぜんじゅぼう》である（『信長公記』）。

なお、この五月二十二日、公家の山科言継《やましなときつぐ》は暫《しばら》く無沙汰をしていた武家（将軍義昭）を久我入道、飛鳥井、竹内三位入道、日野、光浄院、竹内下総守らと常《つね》の御所に訪ねて酒を賜った。摂州・江州からの注進などがあった。六角入道、同右衛門督らが、一昨日か、甲賀の石部城へ出られた、二万ばかりという。さらに「織田弾正忠こうづはたにて、鉄放四丁にて山中よりこれを射ると云々、不可説〳〵」と、信長狙撃の伝聞に接している。ここでは鉄炮が四挺とあれば、四人の狙撃犯になる（『言継卿記』）。『信長公記』は犯人を杉谷善住坊の単独とし、『言継卿記』は四人としている。

　さらに上杉氏の重臣直江《なおえ》兼続《かねつぐ》は「其頃《そのころ》、実相坊と申出家、山城すき申について、鉄炮をはらせ、いかやうにも打出し申たきとて、からまれて打見申候へども」とあり、出家が鉄炮をつくっている（「上杉家文書」）。確かな史料が欲しいものの、出家が炮術と深くかかわっていたことは否定できまい。

　武士から炮術師への転身もあったが、揺籃期の炮術は、諸国を遍歴する修験、あるいは商人が炮術師に転身するばあいがあった。すると、関東に鉄炮と炮術を伝えたのは、修験者や、商人あがりの岸和田という武芸者とみても大過あるまい。

後北条氏の鉄炮

鉄炮に関する早期の確かな史料

後北条氏の鉄炮に関する早期の確かな史料は、永禄《えいろく》三年(一五六〇)十月四日付の「横瀬が敵陣になると、その地(上野国富岡氏)が敵とはじめに遭遇するから、忠義を励むことが大事である。そこで鉄炮薬と玉を送る」という北条氏康《うじやす》の手紙である(「原文書」)。この横瀬は七年前に将軍足利義輝《よしてる》から鉄炮を贈られた横瀬成繁《なるしげ》である。

永禄元年、横瀬氏は長尾氏と和睦《わぼく》した。この三年九月下旬、長尾景虎《かげとら》は上野《こうずけ》岩下、沼田などの諸城を攻略し、さらに厩橋《うまやばし》に進んだ。このとき、上野国内の諸将が長尾景虎に味方し、横瀬氏もこれに靡《なび》いた。これに対抗して北条氏康は武蔵川越城に出陣したが、北条方の富岡氏は長尾氏の軍勢と最初に衝突するかたちとなり、そこで北条氏康は鉄炮薬《くすり》と玉を送付して防戦を命じたのである。

関東に越年した長尾景虎は永禄四年（一五六一）二月、小田原攻めの軍勢を上野赤石に進め、翌月、先鋒の太田資正《すけまさ》が鎌倉に着陣し、四月にはいると、長尾景虎が上杉憲政《のりまさ》を奉じて、越後および関東の諸将をひきいて小田原城を包囲した。緊迫した状況のなかで北条宗哲《そうてつ》は永禄四年三月二十四日、大藤《おおふじ》式部丞（政信）に「寄子衆にも申し聞かせ、分骨（粉）が肝要」といい、「今川殿は近日出馬、武田殿は吉田迄出陣、その軍勢は一万余人、五日の内には河村へ出馬すると連絡があった。本意《ほい》は疑いないから、（貴殿）は備えを堅固にし、配備した鉄炮五百丁をもって、敵の軍勢を堀端へ寄付《よせつ》けてはいけない」と堅固な守備を命じた（「大藤文書」）。

宗哲は伊勢宗瑞《そうずい》の末子で氏綱の弟である。小田原城下の久野《くの》に居住し、北条一門衆のなかでも、抜群の知行地を領した実力者であった。天正十年代のはじめの死没という。宛名の大藤式部丞は宗哲の郡代、あるいは代官的存在で、この十四日、相模の大槻で長尾氏と一戦を交えた。手紙の今川殿は今川氏真《うじざね》であり、武田殿は武田晴信《はるのぶ》である。北条氏康は長尾氏に攻められるやいなや、両氏に援兵を要請したのである。

宗哲は幼少時、真言密教系の箱根権現別当坊金剛王院に入寺し、大永《たいえい》二年（一五二二）から近江《おうみ》三井寺《みいでら》上光院《じようこういん》（滋賀県大津市）に住院して、大永四年（一五二四）に得度《とくど》し、ほどなく小田原に帰って、箱根権現別当に在職したものの、当主の北条氏康・氏政を補佐して多方面に活躍し、そのうえ諸芸にも造詣《ぞうけい》があった（『小田原市史』）。

氏康の時代、根来《ねごろ》法師の杉房や二王坊、あるいは岸和田という者が関東に下って、鉄炮を教え広めた。小田原の松原神社の別当は、古くは杉之坊と称したというが、修験者と炮術師の関東下向は天文二十年（一五五一）以前であれば、宗哲四十代前後になる。宗哲の多芸ぶりから炮術に無関心であったとは考えにくい。

ちなみに、氏康より七歳年少の弟北条氏堯《うじたか》は「竹王丸氏堯鉄炮ノ手達《てだて》ニテ、町間目当《ちようけんめあて》ヲ迦《のが》サレザリシ、後ニ右衛門佐《すけ》ト号ス、武州小机《こづくえ》ノ城主タリ」との伝えがある（『関八州古戦録』）。氏堯の生年は、大永二年（一五二二）三月十五日である。小田原に鉄炮がもたらされた天文二十年以前だと、二十代の後半になる。史料の信憑《しんぴよう》性がいまひとつだが、城主、あるいはその子息が炮術を修業しても、信長の例をひくまでもなく、不思議はあるまい。

北条一門と炮術

永禄五年（一五六二）四月二日、乙千代《おとちよ》（北条氏邦《うじくに》）が用土《ようど》新左衛門と山口上総守《かずさのかみ》に出した二通の手紙も、北条氏の鉄炮と炮術に関する早期の確かな史料である（『戦国遺文』）。長尾景虎は永禄三年から五年にかけて管領上杉憲政《のりまさ》を擁立して、しばしば関東に出馬し、一時は小田原城を包囲した。用土新左衛門の手紙は、景虎・憲政の越後への帰国、それと上州・北武蔵方面の戦況を述べ、義父藤田重利《ふじたしげとし》（康邦《やすくに》）の長男藤田重連《しげつら》に「右衛門佐老母」、すなわち、藤田重利の母の保護を求めたもので、文末に「したがって大鉄炮・弓の義、意得《（心得）》候、委《くわ》しくは三山《みやま》（三山五郎兵衛綱定・北条氏邦の奉行人）申すべく」とある。老母を無事保護したならば、大鉄炮と弓の義は心得た。詳しくは奉行人の三山五郎兵衛綱定が申すというのである。

山口上総守は武蔵秩父郡上吉田《むさしちちぶぐんかみよしだ》を根拠とした土豪で、さきの手紙と同内容で、文末に「息の孫五郎、舎弟大膳正《しゃていだいぜんのしょう》大将を赦《ゆる》すの条、大鉄炮・弓注書を添《そ》え、褒美《ほうび》せしむの間」とある。山口上総守の子息孫五郎と舎弟大膳正に大将を赦し、大鉄炮・弓に注書を添えて褒美とするといい、支配地から一騎を召連れて云々《しかじか》、と書いている。この手紙では「大鉄炮・弓に注書を添える」とあるから、用土宛の大鉄炮と弓の義は心得たの意味は、大鉄炮や弓に添えた注書は伝書と思う。乙千代は北条氏康の四男で、天文十（一五四一）年、あるいは十二年の生まれというから、このころ、十九歳前後になる。

両通の手紙には「大鉄炮」とあるから、通常の鉄炮より玉目が大きい。通常の鉄炮がとりあつかえなければ、大鉄炮の運用はとても無理である。すると、用土新左衛門尉と山口上総守の両名は炮術を鍛錬したことになるし、伝書を授けた乙千代自身もその可能性がある。こんな、はやい時期に後北条氏の領国では大鉄炮が使われていたのである。

さきの北条宗哲の手紙には、城内に五〇〇挺の鉄炮があると書いていた。これだけ多くの鉄炮を戦術的につかうには、それなりの鍛錬が必要であり、炮術師、あるいは炮術に通暁した武将の指揮を要した。修験者や炮術師が天文二十年代よりまえに小田原に来たとき、後北条氏一門以下が炮術を習ったとすれば、宗哲や乙千代が氏堯のように習っても不思議はあるまい。永禄二年以前、越後長尾氏の領国では、岸和田流が流行していたが、相模《さがみ》から越後に岸和田流の炮術師が足を運んだのであり、ちょうど、その境に位置する上野国の横瀬氏も、炮術を習う好機にめぐまれた。それが天文二十年（一五五一）に近い時期であったと推測するのである。

兵法者の足跡

戦国武士と兵法者

武芸者に関する史料は断片的で、その足跡を追うことはむずかしい。若年のころ、上井覚兼《うわいかくけん》は弓を筑後《ちくご》の高良山《こうらさん》の西俣上総入道快鏡《にしまたかずさにゅうどうかいきょう》という聖《ひじり》と、旅人の矢野節介《せつすけ》について稽古した。また商人上がりの炮術師の岸和田《きしのわだ》は、なんと薩摩、豊後、それから関東、これは推測であるが、東北地方にまで足を運んで炮術を教え広めた。このように武芸者は、諸国遍歴を習《なら》いとした。

遍歴の回国修業

新当流《しんとうりゅう》兵法者の石川肥後守は安芸の毛利氏一門に兵法を授けたが、京都から安芸に下向し、役目を終えると、ふたたび上京している。武芸者といえば、『五輪書《ごりんのしょ》』を著した宮《みや》本武蔵《もとむさし》が著名だが、戦乱の世相を反映して、幾多の武芸者が東奔西走の活動をみせた。同業者の炮術師の行動も埒外《らちがい》ではなかった。ここでは兵法者《へいほうしゃ》の活動を追い、炮術師の理解の一助としたい。

武士の宿命

信長の炮術師橋本一巴《はしもといっぱ》は永禄元年（一五五八）七月十二日、岩倉織田家臣の弓達者《ゆみだつしゃ》林弥七郎と決闘をした。そこで『信長公記《のぶながこうき》』のその場面を引用しなければなるまい。

七月十二日午刻《うまのこく》（午前一一時から午後一時のあいだ）、辰巳《たつみ》（南東）へ向って切かかり、数刻相戦ひ追い崩し、爰《ここに》浅野と云ふ村に林弥七郎と申す者、隠れなき弓達者の仁躰《にんてい》なり、弓を持ち罷《まかり》退《しりぞき》候処へ、橋本一巴、鉄炮の名仁《めいじん》渡し合ひ、連々《れんれん》知音《ちいん》たるに依《よ》つて、林弥七郎一巴に詞《ことば》をかけ候、たすけまじきと申され候、心得候と申候て、あいかの四寸ばかりこれある根をしすげたる矢をはめて、立ちかへり候て、脇の下へふかぶかと射立て候、もとより一巴も二つ玉をこみ入れたるつゝをさしあててはなし候へば、倒伏しけり、然《しか》る処を、信長の小姓佐脇藤八走懸《はしりかか》り、林が頸をうたんとするところを、居ながら太刀を抜き持ち、佐脇藤八が左の肘を小手（籠手）くわへに打落す、かかり向つて終に頸を取る、林弥七郎、弓と太刀との働き比類なき仕立てなり、

常識では、はるかに鉄炮が有利と思うが、林弥七郎が放った大きな鏃《やじり》を脇の下に深く射《い》

込《こ》まれた。

ふたりの武芸者は、弓矢と鉄炮の優劣をふだんから真剣に論じていたにちがいない。戦場での出会を好機とぞばかりに、これを試したのである。武芸者は武芸の腕を買われて大名にやとわれたが、この決闘の場面は、武芸者の真骨頂が見事に発揮されている。この時代、正史に登場しないこうした武芸者が多数存在したことは想像にかたくない。

永禄四年に十七歳で初陣《ういじん》して以来、軍陣、軍旅、戦場常在の歳月を過ごした、薩摩島津義久の家老上井覚兼は三十七歳の天正九年（一五八一）十月二十九日、家臣に乞われて奉公の心得を説いたが、武芸の鍛練をつぎのように述べた（『上井覚兼日記』）。

> 弓は筑州高良山に住んでいた西俣上総入道快鏡と云《いう》聖について、五、六月も稽古《けいこ》をした。その後、矢野節介という旅人について、一宮流を極《きわ》めたけれども、馬手《めて》が病気になって、稽古はやめた。馬は川上武蔵守経久から、あらまし稽古をつけて貰った。
>
> （中略）
>
> 平法（兵法）のことは、武士に生まれた身の上だから、余儀《よぎ》なく、塚原卜伝《ぼくでん》の一流、あるいは新影《しんかげ》流などを稽古した。善悪は平法からの心がけが大事である。（中略）兵法のことは、これまた御当家（島津氏）の一流の軍敗《ぐんぱい》、四十二ケ条を形の如く授けられた。

> 吉兆と凶兆も、信と不信とにあれば、神慮がもっぱら大事である。諸人は信心が肝要である。我々も幼いころから、忝《かたじけな》くも愛宕《あたご》・飯縄《いずな》・鞍馬毘沙門法《くらまびしゃもんほう》、このほか諸法を伝え、不似合いではあるが、朝夕に垢離《こり》閼迦《あか》之水を汲み、香花《こうげ》を棚上に備え、花皿をもてならし、法花《ほっけ》を持経し、般若勝軍品・金剛経・諸仏経を看読《かんどく》した。（下略）

芸能は一事に優れるよりも、広く万事にわたるべしと、覚兼自身が説いたように武芸はもとより、和歌・連歌・書札《しょさつ》・蹴鞠《けまり》・鵜飼・釣り、生まれつき好んだ狩猟から、はては立《りっ》花《か》におよんだ。武芸は弓を西俣快鏡と一宮流の矢野節介に習い、馬を川上経久に学んだ。そして兵法は塚原卜伝《ぼくでん》の一流、または新影流を稽古し、軍敗（配）は島津家相伝の四二ヵ条を形どおり相伝したと述べている。

上井覚兼の兵法鍛練は、「是者《これは》武士ニ生る身上なれバ」として、卜伝の一流と新影流を稽古した。これは青年期だから永禄年間のことになる。ここ日向《ひゅうが》の地では卜伝流、あるいは新影流の兵法が、この時期に流行していたことになる。ただし、直接、塚原卜伝や上《かみ》泉伊勢守信綱《いずみいせのかみのぶつな》が日向に出向いたか、これは定かではないが、武芸者の行動は、意外に広い地域におよんだから、この可能性は捨て切れない。

徳川家康の兵法修業

世に流行したのは、著名な流派ばかりではない。徳川家康は天正二年（一五七四）十一月二十八日、兵法者の（奥平）急加斎《きゅうかさい》につぎの朱印状《しゅいんじょう》を出した（「奥平文書」）。

今度《こんど》、奥山流平（兵）法奇独《きどく》の妙術、一覧に供し祝着《しゅうちゃく》に候、爰《ここ》により扶助の所申付なり、此旨《このむね》をもって、弥《いよいよ》、他を存ぜず、奉公あるべき者なり、よって件《くだん》の如《ごと》し、

天正二年戌《いぬ》

十一月二十八日

急加斎

奥平急加斎は家康に奥山流兵法の奇特の妙術を披露した。これを見た家康は扶持《ふち》をあたえて奉公を命じた。急加斎の宛名に殿がない。これは明らかに通常の家臣とちがう兵法者への書札《しょさつ》である。その後、徳川家康は相伝した太刀《たち》は他見しないと、奥平急加斎に血判《けっぱん》をして、つぎの起請文《きしょうもん》を提出した。

起請文の事

梵天大釈《ぼんてんたいしゃく》四大天王、別而者《べっしては》

磨利支天、熊野三社、惣而《そうじて》日本国中大小神祇《じんぎ》

右、相伝の太刀《たち》、他見有間敷候《あるまじく》、ただし、以前に存知《ぞんじ》の太刀、此《この》外たるへく候、もしこの儀、偽《いつわ》るに於いては、右、神罰を蒙る者なり、よって件の如し、

拾月二十八日　　　　　　　　　(徳川)家康（血判）

奥平急加(久嘉)

よほど徳川家康は兵法に執心していた。というのは、文禄三年（一五九四）五月三日、柳生但馬《やぎゅうたじま》入道(宗厳)につぎのような兵法相伝誓書を提出しているからである（「柳生文書」）。

敬白起請文事

一　新陰流兵法相伝事、

一　印可なき以前、親子たりといえども他言すべからざる事、

一　その方に対し疎意《そい》あるべからざる事、

右、この旨、偽《いつわ》るに於いて者《は》、日本国中大小神祇、殊《こと》に麻利支天、天当(道)御罰を蒙る者なり、よって起請文件の如し、

文禄三年

五月三日　　　　(徳川)家康（花押）

柳生但馬入道殿

このとき、家康は五十二歳、急加斎は四十一歳。覚兼のいうように兵法の取得は武士の家に生まれた者の宿命であった。

新当流石川肥後の存在

卜伝流の始祖は下総国《しもうさのくに》香取《かとり》の人、飯篠長威《いいざさちょうい》家直《いえなお》の興した新当《しんとう》流から分派した。この流派は太刀《たち》・長刀《なぎなた》・鑓《やり》・棒・抜刀《ばっとう》・小具足《こぐそく》の諸術を集成した、いわゆる古兵法である。上井覚兼は兵法と書いているから諸流集成の武芸を修業したことになる。

永禄十年（一五六七）十月九日と永禄十一年三月二十七日、それに永禄十一年卯月十三日付の毛利輝元《てるもと》と穂田《ほいた》元清《もときよ》が石川肥後守に宛てた新当流兵法に関する書状と起請文がある。これも珍しい史料なので、三通を揃えて紹介しよう（『萩藩閥閲録《はぎはんばつえつろく》』）。

それ以後は申し遣わさず候、無音《ぶいん》せしめ候、よって兵法の儀のこと、繁《しげ》く捨置候、必ず上国《じょうこく》の者に申聞《もうしきか》すべく候、謹言、

（永禄十）十月九日　　（毛利）輝元（御判）

「石川肥後守殿　　輝元」

今度、その方上国により、新当流兵法、残なく相伝に候、親子の外、他見あるべから

ず候、偽《いつわ》るに於いては、日本国中大小神祇、別《べっし》て、八幡大菩薩・摩利支尊天王の御罰を蒙る者なり、よっての状、件の如し、

永禄十一

三月廿七日　　大江輝元御判

石川肥後守殿

今度、新当流兵法御相伝、誠に本望このことに候、親子の外、外見すべからず候、偽るにおいては、日本国中大小神祇、別て、八幡大菩薩・摩利支尊天王・天満大自在天神の御罰を蒙る者なり、よって起請文件の如し、

永禄十一

卯月十三日　　(穂田)元清　御判

石川肥後守殿

最初の書状は、忙しさに紛れて兵法を捨置いたといい、上国《じょうこく》の者に申し聞かせるとある。二通目と三通目は毛利輝元と穂田元清の起請文で、今度、其方《そのほう》が上国するので新当流の兵法を残らず相伝した。親子の外は外見しないとある。

石川肥後守が新当流の兵法者で、いずれも今度、上国とあり、安芸国から都、すなわち、京都に上るとある。これ以前、石川肥後守は諸国遍歴して、毛利氏の領地、安芸の吉田に下って新当流兵法を教授した。毛利輝元《てるもと》は隆元《たかもと》の嫡男で、毛利元就《もとなり》の孫にあたる。永禄六年（一五六三）八月に十一歳で元服《げんぷく》、元亀二年に十九歳で家督を継承した。新当流の相伝は、この間の十六歳のときである。

いっぽうの穂田元清は毛利元就の四男で、天文二十二年（一五五三）に生まれ、永禄九年に十六歳で元服しているから、新当流兵法の相伝は十八歳前後になる。上井覚兼もそうだが、戦国武士は十代半ばから後半にかけて武芸に熱中して相伝の域にたっした。

その後、穂田元清が兵法に心懸けたことは、文禄三年（一五九四）卯月二十三日付、安《あん》国寺恵瓊《こくじえけい》の手紙の一節に明らかである（「長府毛利文書」）。

一、何もかも別条ハ入らず、武辺《ぶへん》ニ御数寄《すき》候て弓矢・鉄炮・御馬などに御心懸、尤《もっとも》に存じ候、武者にも覚《おぼえ》の有者《あるもの》の物語など、御聞候事申しいれ候、木刀御こしらへ候て、兵法など御心懸専一《せんいっ》に候、無（下略）

安国寺恵瓊は武辺を数寄にして、弓矢・鉄炮・御馬などに心懸けることが大事だ。また手柄のある武者の物語にも、よく耳を傾けなければいけない。木刀を自分で拵えて兵法を心懸けることも専一だといっている。ここでいう兵法は新当流に相違あるまい。安芸の毛利家では、戦国以来、新当流がおこなわれていた。

肥前と土佐でも

松浦《まつら》肥前守隆信は戦国時代、九州肥前平戸に本拠を置いた大名である。その後裔の松浦静山《せいざん》の『甲子夜話《かっしやわ》』によると、先祖の松浦肥前守隆信（道可）のころの武芸書に、永禄二年六月、塚原与介幹勝という人物が、肥前守隆信に「一太刀《いちのたち》」の秘伝を伝授した許状があるむねを書いている。むろん幹勝が卜伝《ぼくでん》かどうか、詳細はわからないが、九州肥前の地で卜伝流が流行したことは否定できまい（原田伴彦「戦国の剣豪」）。

永禄三年（一五六〇）十月吉日、新当流の兵法者立花平六郎春常は土佐《とさ》の寺尾内蔵介に「太刀《たち》向上《こうじょう》唯授《ゆいじゅ》一人《いちにん》大事《だいじ》」を授けた。立花平六郎は相伝系図によると、塚原卜伝につながっている（「土佐国《とさのくに》蠹簡《とかん》集《しゅう》拾遺《しゅうい》」）。戦国時代の西国地方では、関東の兵法である卜伝流、あるいは新当流が大いにおこなわれていた。このように兵法者は盛んに諸国を遍歴していたのである。

高位を極めた兵法者

卜伝《ぼくでん》流の祖塚原卜伝は延徳《えんとく》元年に生まれ、元亀《げんき》二年（一五七一）に死没した。晩年は生国の下総《しもうさ》国香取《かとり》に住したと伝えるが、その間の消息はほとんど摑めない。ところが、新影《しんかげ》流を開いた上泉伊勢守信綱《かみいずみいせのかみのぶつな》のばあいは、さいわい確実な記録が残されている。

剣豪上泉伊勢守信綱

上泉伊勢守信綱は上野《こうずけ》国勢多《せた》郡大胡《おおご》の出身で、大胡とも呼ばれ、初名を秀綱、『歴名土代《れきめいどだい》』に「従四位下藤原信綱、永禄十三年六月廿七日従五位下、天正元月日卒」とある。没年は六十三、四と伝えているから、永正十年（一五一三）ころの誕生となり、その活動は塚原卜伝に少し遅れた。秀綱の父は上泉憲綱、大胡の上泉の砦《とりで》を守備する豪族で、代々関東管領《かんれい》の山内上杉氏《やまのうちうえすぎ》に属し、戦国時代には上州箕輪《みのわ》城主の長野業政《なりまさ》につかえていた。

永禄十年（一五六七）、上泉伊勢守信綱は京都に身を置いていた。この年の五月吉日、上泉信綱は丸目《まるめ》蔵人佐長恵《くらんどのすけちょうけい》に印可を授けたが、それには「諸国において兵法の仁《じん》に数多《あまた》指南したが、貴殿が一段と器用の兵法者であるから、『天狗書極意』のことをはじめ、残らず極意を伝授した。この両剣の秘法は、一国で一人のほかに指南してはならない。能々《よくよく》可秘《ひすべし》、よって印可の状、件《くだん》の如《ごと》し」とある。そして出身を「上野の住、上泉伊勢守藤原信綱（花押）」と書き、さらに「諸国において兵法の仁に数多指南した」とも書き、諸国遍歴修業の一端にふれている（「蒲池文書《かまちもんじょ》」、原田伴彦「戦国の剣豪」）。

公家と剣豪

上泉信綱は十五代将軍の足利義昭《よしあき》に接近した。永禄十一年九月、足利義昭は将軍の地位についたが、幕府と交渉のあった山科言継《やましなときつぐ》の日記『言継卿記《ときつぐきょうき》』に大胡、あるいは上泉の名が永禄十一年正月から元亀二年七月にかけて頻繁に登場する。京都における上泉信綱の行動を知るために、その記事を表3にして示したい。

元亀二年三月九日の次日から七月二日までの間、信綱は日記に登場しない。そして元亀二年七月三日の条に大胡武蔵守が大和《やまと》から昨日上洛《じょうらく》したとある。信綱は大和の国に出かけていたのだが、同国添上郡《そえかみ》柳生《やぎゅう》の地には兵法者の柳生一族が居住していた。永禄八年

表3　『言継卿記』にみる上泉信綱の行動

年　月　日	記　　事
永禄一二・一・五	耆婆宮内大輔来、平野社預長松丸申状持来、同大胡武蔵守叔母舅也、添状有之（下略）。
永禄一二・四・二八	大胡武蔵守吉田へ可同道之由内々申之、大胡武蔵守来、令同道吉田へ罷向之処、留守之由有之間自河原罷帰了。
永禄一二・五・七	大胡武蔵守来、令同道吉田へ罷向之処、自一昨日深草に逗留云々。
永禄一二・五・一一	大胡武蔵守来、暫雑談了。
永禄一二・五・一五	大胡武蔵守来、次吉田右兵衛督暫来談了。
永禄一二・五・二九	大胡武蔵守来、令同道吉田へ罷向、紫蘇、独活、○活等十両宛遣之、但他行云云、大隅甚九郎に申置罷帰了。
永禄一三・一・五	今日礼者、上泉武蔵守等云云。
永禄一三・五・二三	上泉武蔵守信綱来、軍敗取向惣捲等令相伝之、勧一盃、中御門、雲松軒等相伴了、一巻写之、又調子占之巻写之、各将棋双六等有之。
永禄一三・五・二六	上泉武蔵守来、予、倉部等取向以下之相伝了。
永禄一三・六・二六	大胡武蔵来談了。
永禄一三・六・二八	上泉武蔵守暫来談、四品勅許忝之由申之。
永禄一三・七・七	大胡武蔵守等被来。
永禄一三・七・九	大胡武蔵守来談。

永禄一三・七・一五	大胡武蔵守来談。
永禄一三・八・一八	大胡武蔵守来談。
永禄一三・八・二〇	大胡武蔵守等来葉室へ同道、祝着之由礼に来。
永禄一三・八・二一	大胡武蔵守、河内源五郎等来談。
永禄一三・一〇・一七	大胡武蔵守等来談、勧一盞。
永禄一三・一〇・二二	大胡武蔵守来談、奉公衆先日宇治迄出陣、昨日帰陣云々、敵三牧之城取之云々、今朝又奉公衆、尾張衆、木下藤吉郎山城へ出陣云々。
永禄一三・一一・三	次大胡武蔵守近所へ宿替之由申来云々。
元亀二・一・二	今日礼者次第不同、大胡武蔵守（下略）。
元亀二・三・三	大胡武蔵守礼に来、対面了、香需散一包遣之、近日在国云々。
元亀二・三・九	大胡武蔵来、愛州薬方去年遣之、火事焼之間又所望之由申之間書遣之、同薬一包遣之。
元亀二・七・三	大胡武蔵守従和州昨日上洛云々、国之儀来談了。
元亀二・七・二一	大胡武蔵守本国へ下向云々、暇乞に来、親王御方御筆御短冊二枚遣之、又下野国結城方へ書状所望之間調遣之、如此。 雖未申通候、幸便之間令啓候、仍上泉武蔵守被上洛、公方以下悉兵法軍敗被相伝、無比類発名之事候、又貴殿拙者同流一家之儀候間、無御等閑候者、可満足候、尚委曲武州可有演説候也、恐々謹言 七月廿二日　言継（裏判） 結城殿表、

（一五六五）、信綱は柳生宗厳《むねよし》に兵法の印可状、翌九年には奥秘《おうひ》を授けているから、柳生氏は上泉信綱の弟子筋であり、これ以前にも上京していた（『大日本史料』『日本武道全集』）。そんな関係があって、信綱は京都を離れて、数ヵ月間、柳生の里に滞在した。

京都に滞在した上泉信綱は公家《くげ》にも軍配などの兵法を授けるなどして取り入り、朝廷から従四位下を授けられた。数多い武芸者のなかでも、ここまでの高位に昇りつめた者は、誰ひとりとしていない。元亀二年（一五七一）七月二十一日、信綱は山科言継の所に暇乞《いとまごい》に来た。言継は親王御方筆《しんのうおかたひつ》の短冊《たんざく》二枚を餞別《せんべつ》に贈り、また下野《しもつけ》の結城伊勢守《ゆうきいせのかみ》への添状《そえじょう》を信綱の所望にしたがって認めた。ここには「公方《くぼう》以下悉《ことごとく》兵法軍敗を相伝せられ、発名比類なくのことに候」と書き、信綱が京都において公方、すなわち、室町将軍足利義昭以下の武士に兵法軍敗（配）を授けたとある。

信綱の滞在は短かったから長袖流《ちょうしゅうりゅう》と思うが、ここにおいて兵法者上泉信綱は天下に名をあげた。武芸者は弓矢、刀剣、銃砲を道具に技能を鍛練したが、土地を宛行われて、奉公する武士と身分をことにした。武芸者たちは中央の権威や神仏に頼って自己の宣伝に躍起になった。

図13　稲富一夢画像および花押・印章（東京・個人蔵）

炮術師の諸国遍歴

武芸者の諸国遍歴は、たとえば、塚原卜伝のように「塚原卜伝は兵法修行仕《つかまつ》るに大鷹三羽をすえさせ、乗換馬三匹ひかせ、上下八十人ばかりを召し連れた。これは諸侍大小とも卜伝を貴《とうと》むように仕《し》なしたものである」と伝えている（『甲陽軍鑑《こうようぐんかん》』）。

天正十年（一五八二）九月、長岡忠興《ながおかただおき》が丹後《たんご》の弓木《ゆみき》城を攻めたとき、城内には天下に名をえたる鉄炮の上手稲富《いなどめ》《いなとみ》伊賀《いが》祐直《すけなお》とその弟子が多数籠《こ》もっていた（『細川家記』）。稲富一《いち》夢《む》も塚原卜伝と同じく弟子を多数抱えていたのである。こうなると武芸者の諸国遍歴は移動する一個の武装集団になる。

稲富一夢は慶長八年（一六〇三）九月九日、徳川家康の四男で尾張《おわり》清洲《きよす》城主《じょうしゅ》松平忠吉《ただよし》から二〇〇〇石、内方《うちかた》が一〇〇〇石、総計三〇〇〇石の扶持《ふち》をあたえられた。単純に比較はできないものの、天正十六年（一五八八）十二月、織田信雄《のぶお》の鉄炮衆の扶持給は一〇〇石で三〇挺だから、九〇挺の計算になる。また天正十六年五月七日の鉢形《はちがた》城主《じょうしゅ》北条氏邦《うじくに》のばあいは一〇〇貫文で一〇人、おおよそ三〇〇人の見当になる。いずれにせよ一夢は扶持にふさわしい郎党や弟子を抱えていたにちがいない。これが一夢にたいする社会の評価でもあった（「松平忠吉知行《ちぎょう》宛行状《あてがいじょう》」）。

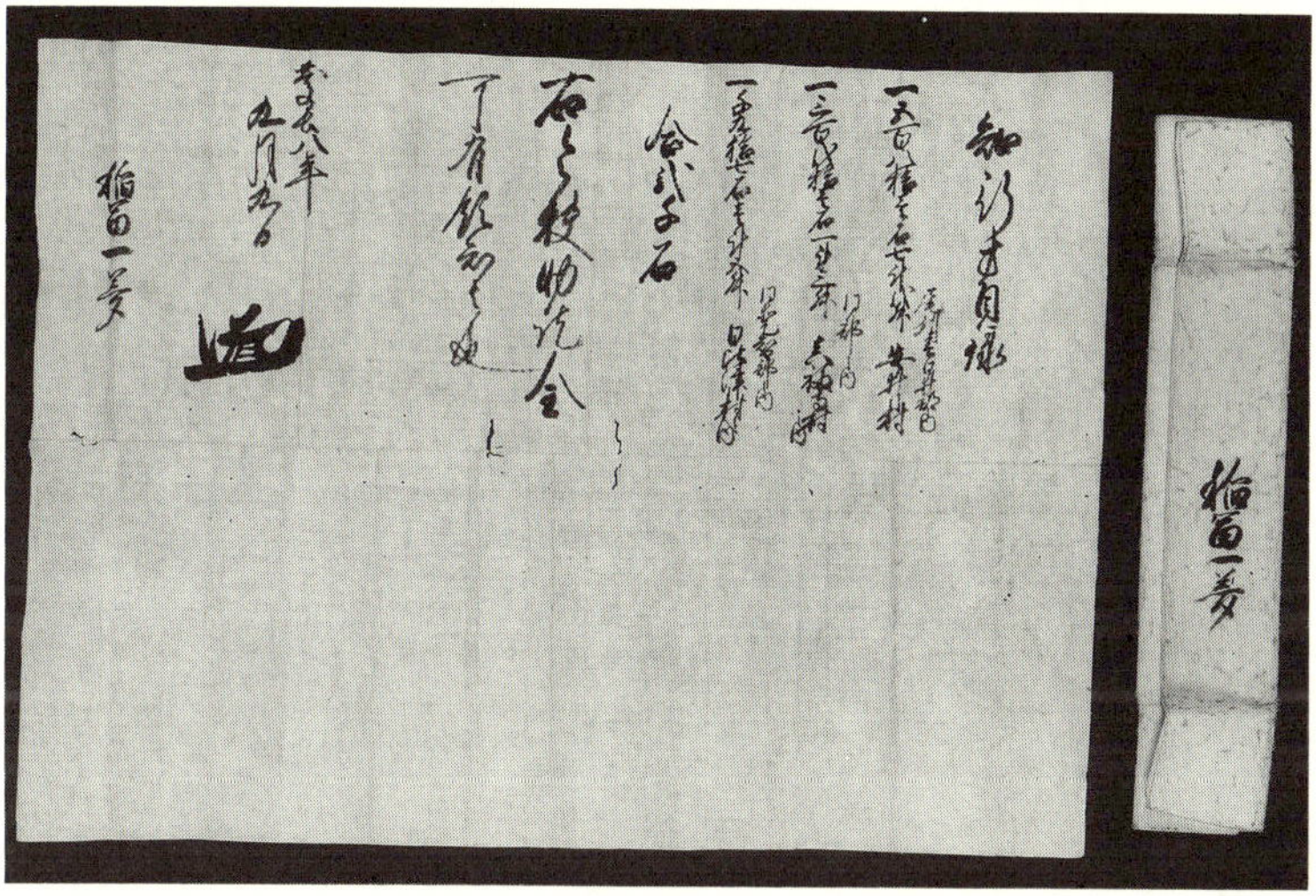

図14　松平忠吉知行宛行状（国立歴史民俗博物館蔵）

越後《えちご》上杉氏の重臣直江山城守兼続《なおえやましろのかみかねつぐ》は戦国武士のなかにあって、桁外《けたはず》れの鉄炮数寄者であった。上杉家には譜代の炮術師に岸和田《きしのわだ》流の唐人式部《かろうどしきぶ》や清水式部がいたが、稲富流の炮術師もいた。川田玄蕃《げんば》である。川田玄蕃は金子《きんす》一枚、大鷹《おおだか》一居を持参して、播磨《はりま》に滞在していた稲留《（富）》伊賀に弟子入りした（「上杉家文書」）。稲富一夢の足跡は不明なところが少なくないが、いっとき山陽道の播磨に滞在していた。

直江山城守兼続の子息本田安房守は田付《たつけ》流の弟子であった。あるとき、兼続が安房守に遠物（遠射）を所望した。ところが、安房守は内打《ないうち》（非公式な射撃）をしたけれども満足な出来ではなかった。そこで兼続は小姓《こしょう》の松本久太郎に金子五枚をもたせて、江戸の田付のところに修業におもむかせ、遠物の秘伝の相伝を頼んだ。まもなく松本久太郎は田付から秘伝を授けられて帰国した（「上杉家文書」）。

天正十九年（一五九一）六月十八日、浅野長吉《ながよし》は伊達政宗《まさむね》に「木村伊勢《（吉清）》守が抱えている鉄炮放《はなち》の江田という者は、大崎内の百々という在所のもので、只今、妻子を召し連れて在所に罷《まか》り越すので、路次、異儀なきように命令していただきたい」と伝えている（「浅野家文書」）。江田の流派は不明だが、妻子を連れた炮術師の諸国遍歴である。

小姓の松本久太郎が江戸に滞在したころ、田付は江戸幕府の炮術師に納まっていた。諸国遍歴の炮術師の行く先々の土地には、遠近から技術の伝授を求めて多くの武士が往来した。炮術師は兵法者とおなじように諸国を遍歴したのである。

天下一の急増

天下第一、日本一、天下無双《むそう》という呼称は古くからあったものの、その用例は極めて少ない。しかし、戦国時代にはいると、たとえば、永正十一年（一五一四）四月、関東居住の歌人馴窓は『雲玉《うんぎょく》和歌抄』のなかで、一条前殿の言葉として「我おやは天下一の多才」「天下一の感応の人」と書き、天文十三年（一五四四）ころ、出雲富田城《いずもとんだじょう》主《しゅ》尼子《あまこ》晴久《はるひさ》の奉行人多胡辰敬《たごしんけい》は「天下一の上手トイフハ、近代極楽寺ノ重阿弥トイフ碁打ナリ」と書き、天下一を唱える者は、これよりのち、さらに急増した。

泉州堺の天王寺屋の津田宗達《つだそうたつ》が天文十九年閏《うるう》五月二十六日に主催した茶会に松本宗不が持参した北野茄子《きたのなすび》の茶入袋は「天下が子与一と申す者ぬい候由申し候」とある。また元亀元年八月二十一日、奈良興福寺別当大乗院尋憲《じんけん》は「杉物師《すぎものし》大工天下一と云者、御見舞に参る」とある。

津田宗及《そうきゅう》は津田宗達の子供であるが、永禄二年（一五五九）十月二十九日、「ぬし天下一藤左衛門」を茶会に招いている。ぬしは塗師の意味である。おなじく津田宗及の天正十一年（一五八三）十一月二十五日の茶会記に「いかけの天下一南都ノ久怡《きゅうい》入道」とみえる。

久怡は京の釜屋左衛門の子孫で、奈良に来た鋳物師《いもじ》である。

こうした名人は大工・塗師《ぬし》・縫物師《ぬいものし》・鋳物師《いもじ》・畳指《たたみさし》といった職人ばかりではなく、尺八の名人、笛太鼓の名人、城を守る名人、牛飼の名人、陰陽道《おんみょうどう》の名人、鉄炮の名人、忍びの名人と、多方面におよんだ（米原正義『天下一千利休』）。

「天下一」は一芸に秀でた者の意味であるが、これを公許制にしたのは織田信長である。元亀四年（一五七三）、織田信長は京都奉行の村井貞勝に「天下一号ヲ取モノ、何《いず》レノ道ニテモ大切ナル事也、但シ京中諸名人トシテ内評議有テ相定ム可キ事」という定書《さだめがき》を出した。天下一の号を取ることは、いずれの道にも、大切なことだ。しかし、これを決定するには、京都中の名人衆が集まって、内評議した結果でなければいけないとした。要するに、これは信長の独断ではなく、その道の名人たちの評議をへた公許制であって、自称は許されなかった。三条の釜座《かまざ》に所属した西村道仁《にしむらどうじん》は天下一の釜作り、伊阿弥石見守宗珍《いあみいわみのかみそうちん》は天下一の畳指として知られているが、信長の天下一の政策は豊臣秀吉に受け継がれ、あらゆる職能集団において天下一を唱える実例は確実に増大した。

剣術の天下一

ポルトガル人キリシタン宣教師ジョアン・ロドリゲスが著した『日本教会史』の一節に剣術の天下一についての興味深い記事がある。

人びとは、自分たちを認めてくれるようなものがいなくても、天下一 Ten ca ichi を自称する。それは、この道にかけては、国内でもっとも主要なるもの、頭 caxira の意であり、これらの人びとは自分の家の戸口に看板や表札を掲げるのが習慣となっている。たとえば、毛筆《もうひつ》をつくることで、全国でもっともすぐれているものは、筆天下一 Fude Tencaichi と書いておく。

かかる人のなかには、剣術《(兵法)》の師匠もふくまれるが、彼らはその道における第一人者から、その名をとろうとして自信をもったものに立ち向かうのである。天下 Tenca の首都、都 Miyaco では、門の入り口のように、すべての人が行きかう都市の広場や公道や大通りに、つぎのように書いた立て札を立てる。「某《なにがし》 地方の何《なんの》某《なにがし》、日本国中、すなわち天下の剣術の達人、某通り、また某家に居住す、異議あるもの、挑戦を希望し、木刀または真剣をもって試合したいものは申し込まれたい。」

天下一を望む兵法者は、求める者の挑戦をうけたが、挑戦するものがなければ、天下の首都、すなわち、日本にはそれを否定する者がいないということになり、それでその地位が認められた。

ジョアン・ロドリゲスは天正初年（一五七三）、少年のころに来日し、慶長末年（一六一四）にマカオに追放された人物で、日本滞在は四〇年にもおよんだ。日本語はむろん、日本の社会の事情にも精通し、豊臣秀吉の通訳をもつとめた。彼は兵法者たちが、天下一の看板を掲げ、また彼らが技を競って試合をしている姿を目撃したに違いない。『野坂文書《のさかもんじょ》』によると、文禄五年（一五九六）に蒔田《まきた》義綱が天下一新陰流《しんかげりゅう》の兵法を称したというから、ジョアン・ロドリゲスのいう剣術の達人であった。

軍用化への道

鉄炮の軍役

戦う政権

戦国大名と天下一統をめざした政権は事業が貫徹しないかぎり、厳しい戦いを継続しなければならない宿命を背負っていた。そのため支配地域の家臣に軍役《ぐんやく》を課して軍団を編制したが、軍役で確保できる鉄炮の数量には限界があった。そこで領主は鉄炮を専門にとりあつかう鉄炮衆《てっぽうしゅう》の財源となる給地を確保して軍役の不足を補いながら常備化を進めた。時期の遅速と規模の大小はあるものの、いずれの領主も鉄炮衆を編制した。領主は炮術師をやとい、あるいは炮術に熟達した武士に命じて鉄炮衆を鍛錬した。鉄炮衆の構成員の放手《はなちて》は、とくに鉄炮上手が選抜された。鉄炮衆の稽古《けいこ》の目的は、鑓下《やりした》の一放、すなわち、戦場で役に立つことにあり、とうぜん稽古は厳しい規律のもとにおこなわれた。

武田信玄が天文末年（一五五四）に三〇〇挺もの鉄炮を旭の要害にいれ、また北条氏が永禄《えいろく》初年（一五五八）に五〇〇挺もの鉄炮で城を堅固に守備した。これだけの鉄炮を軍役だけで確保したとは考えにくい。おそらく天文末年の段階で、すでに領主が専有する鉄炮があったと考えざるをえない。それでも当初、領主専有の鉄炮は少なかったが、天下一統の過程で領主権力が強大になるにつれてその数を増大させた。元和偃武《げんなえんぶ》によって江戸幕府に領主権力が集中すると、鉄炮をふくめた銃砲類は完全にその権力下におかれた。鉄炮の軍役、鉄炮衆の創設、鉄炮の専有化、これらは鉄炮の軍用化への道を示している。

不足する軍役

戦国大名は家臣の所領高に応じて軍役を課して兵力を動員した。たとえば、永禄六年（一五六三）九月十六日、武蔵岩付《むさしいわつき》城主の太田氏房《おおたうじふさ》は岩淵下郷領家で一八貫《かん》五〇〇文を領する小熊総七郎に四方竪《しほうたて》六尺五寸、横四尺二寸の指物《さしもの》一本、二間《にけん》の中柄《なかえ》の鑓《やり》一本、具足《ぐそく》を着用した小熊本人の一騎、総計三人の動員を命じた。

また元亀《げんき》三年（一五七二）一月九日、太田氏房の家老宮城四郎兵衛泰業《やすなり》は二八四貫余の所領高に対して騎馬侍《きばざむらい》七人、徒歩《かち》鉄炮侍二人、徒歩弓侍一人、以上一一人の侍と、旗持、指物持、鑓持、徒歩などの農兵、あわせて三五人を賦課された（「豊島宮城文書」）。

小熊総七郎には鉄炮がないが、宮城四郎兵衛泰業は二挺である。さらに鉄炮の賦課に注意しながら動員令をみたい。

元亀二年七月、相模吉岡郷の岡本秀長は一五人の動員をうけたが、鉄炮はない（「安得《あんとく》虎子《こし》」）。以下員数は省略するが、元亀三年三月の道祖土《さいど》氏の動員も鑓のみで鉄炮がない。同年、武州の鈴木雅楽助《うたのすけ》の改定着到《ちゃくとう》にも鉄炮はない（「武州文書」）。武蔵小机《こづくえ》城主北条氏《うじ》堯《たか》は元亀四年七月九日、植松左京亮の動員を四〇貫五一〇文と定めたが、これにも鉄炮がみえないのである（「植松文書」）。

天正《てんしょう》九年（一五八一）七月、道祖土氏は動員の改定をうけたが、元亀三年三月と同様、鑓だけ。天正九年七月二十四日、北条氏政は相模中郡と西郡で総計一九一貫の所領高のある池田孫左衛門の動員を五六人に定めた。この動員は弓一〇張、鉄炮四挺、鑓四一本である（「池田文書」）。このとき、北条氏政は「右の着到帳《ちゃくとうちょう》、御隠居より渡し下されの間、相写し遣《つか》わし候、自今以後《じこんいご》、弥《いよいよ》精を入れ、聊《いささ》かも相違《そうい》なき様、肝要に候、殊《こと》に弓・鉄炮の取分専一《とりぶんせんいつ》に候、其外《そのほか》、虎口《こぐち》おいて何《いずれ》も〳〵、用に立様、兼日《けんじつ》、手堅仕置《しおき》に極候」と述べた。弓と鉄炮の取分が専一だと、弓と鉄炮の用意を強調している。

天正十一年三月、小滝豊後守への動員に鉄炮はない（『新編会津風土記』）。おなじ月、信濃の佐藤助丞《すけのじょう》(「諸州文書」)、天正十一年九月、武蔵足立《あだち》郡の小熊七郎の動員も二間の中柄の鑓のみで鉄炮がない(「武州文書」)。要するに動員令をみると、鉄炮負担の家臣は所領高が多く、負担のない家臣は少ない。

陣定め　天正五年(一五七七)七月十三日、北条氏政は武州岩付城主の太田氏房に陣定《じんさだめ》を指令した(「岩槻城主太田氏房文書集」)。この陣定は「今度之陣一廻の定」とあり、あくまで臨時の陣備《じんぞなえ》である。ここには合戦に必要な「小旗」「鑓」「鉄炮」「弓」「歩者」「馬」「小荷駄《こにだ》」などの数量と、これらを管理する各奉行への通達がある。動員令によって徴集された家臣は、こうした陣定にもとづいて、それぞれの部署に割り振られたのである。

岩付鉄炮衆の鉄炮奉行河口四郎左衛門尉・真野平太への指示は「岩付鉄炮衆五十余挺、これ有るべき間、相改め、毎度の備えに不足の所をば書立《かきたて》、用捨《ようしゃ》なく披露すべく候、兼日《けんじつ》、筒を拵《こしら》え、尤《もっと》もに候、無嗜《ぶたしな》みにて錆《さび》、引金《ひきがね》以下、損《そん》じ、担《かつ》ぎたる一理までの躰、もっての外の曲事《くせごと》に候、能々《よくよく》、精を入れるべきものなり」とある。備えに不足があれば、書立をすべきであり、ふだんから筒を拵えることが大事であり、手入れをせずに錆びさせたり、引金などを壊したら曲事である、と通達した。

また天正十六年（一五八八）五月二十一日、後北条氏は鉢形城主北条氏邦に権現《ごんげん》（山）堂《どう》城の掟《おきて》を申し渡した。その一条に、この城は境目にあたるので、当番、鉄炮の玉薬《たまぐすり》、矢以下をその着到にしたがって配備し、少しの油断もあってはならぬと命じた。北条氏邦の陪臣《ばいしん》吉田新左衛門真重は主君の猪俣《いのまた》邦憲から、今度、権現山在城を命令する、軍役にしたがって召し連れて在城せよと命じられた。この指令にしたがって吉田真重は権現山（堂）城に在番した。これも陣備である（「諸州古文書」）。

武田氏の鉄炮と軍役

武田氏関係の史料にみえる鉄炮の初見は、川中島合戦の第二回のときである。長尾景虎《かげとら》が村上義清らの要請をうけて、信州善光寺に出陣した天文二十四年（一五五五）七月二日のこととして、『勝山記《かつやまき》』は、以下のように書いている（『山梨県史料』）。

武田殿ハ三十里コナタナル大ツカ(更科郡)ニ御陣ヲなされ候、善光寺ノ党主栗田殿(寛明)ハ、アサヒノ城ニ御座候、アサヒノ要害ヱモ武田晴信公人数ヲ三千人、サケハリ(下げ針)ヲイル程ノ弓ヲ八百丁、テツハウ三百カラ御入シ候。

武田晴信《はるのぶ》が善光寺の旭の要害に人数三〇〇〇人、下げ針を射るほどの弓八〇〇張、鉄炮三〇〇挺を搬入したとある。

弘治《こうじ》三年（一五五七）正月二十八日、武田氏は彦十郎に焔硝《えんしょう》・鉛を運搬するので、一カ月に馬三疋分の通行税を免除した（「八幡神社文書」）。武田領内に玉薬と玉の原料が運ばれている。武田氏の鉄炮使用の時期は、天文末年から弘治にかけてであるが、軍役に鉄炮の賦課がみられるのは、永禄の年号を聞いてからである。

たとえば、武田信玄が永禄五年（一五六二）十月十日、大井高政に四五人の動員を命じたのも、その一例である。そこで軍役の内訳をみると、鑓三〇本、弓五張、持鑓《もちやり》二挺、鉄放一挺、甲《かぶと》持一人、小幡《こばた》持一人、差物《さしもの》持一人、手明《てあき》四人とある。

また永禄十二年十月十二日、市川新六郎は、つぎの軍役を賦課された（「市河文書」）。

定

一、烏帽子《えぼし》・笠を除て、惣《すべ》て乗馬・歩兵共ニ甲《かぶと》の事、付《つけたり》見苦候共、早々支度《したく》の事、

一、打柄・竹柄・三間の柄鑓、専《もつぱら》用意の事、付《つけたり》仕立一統の衆一様たるべきの事、

一、長柄《ながえ》十本の衆は、三本持鑓、七本長柄たるべし、長柄九本・八本・七本の衆は二本持鑓、其外《そのほか》は長柄たるべし、長柄六本・五本・四本・三・二の衆は持鑓、其外は長柄、又一本の衆は、惣て長柄たるべきの事、付《つけたり》弓・鉄炮肝要候の間、長柄・持鑓等是《これ》を略《りやくし》候ても持参、但し口上、

一、知行役の鉄炮不足に候、向後用意《きょうこう》の事、付《つけたり》薬支度あるべし、但し口上、

一、鉄炮の持筒《もちづつ》一挺の外《ほか》は、然《しか》るべき放手《はなちて》召し連れるべきの事、

一、乗馬の貴賤《きせん》共に、甲・喉輪《のどわ》・手蓋《てがい》・面膀《めんぼう》・頬当・佩盾《はいだて》・差（指）物専要たるべし、此内も除べからざるの事、付《つけたり》歩兵も手蓋・喉輪相当に申し付けらるべきの事、

一、歩兵の衆、随身《ずいじん》の指物の事、

一、知行役の被官の内或いは有徳《うとく》の輩《やから》、或いは武勇の人を除て、軍役の補として百姓・職人・禰宜《ねぎ》、又は幼弱の族、召連参陣、偏《ひとえ》ニ謀逆の基《もとい》、これに過ぐべからずの事、

一、定納ニ万疋所務の輩、乗馬の外、引馬ニ疋必ず用意の事、

朱印状がだされた時期は、小田原城包囲・三増峠《みますとうげ》の戦いのさなかである。市川氏は弘治二年（一五五六）ころ、武田氏に服属した豪族であるが、軍役の規定は、はじめに騎馬と歩兵の者は甲を着用すること、つぎに鑓は竹柄を付けた三間柄を使用すること、長柄の衆は二本から一本の持鑓を用意すること、付けたりには、弓と鉄炮は肝要だから、長柄・持鑓などを省略しても持参せよとか、知行役の鉄炮が不足しているから、今後、鉄炮を用意せよ、鉄炮は持筒一挺の外、然るべき放手を召し連れるべきこと、乗馬の衆は貴賤とも

甲・喉輪・手蓋・面頬・頬当・佩盾・指物が必要などとある。

不足する鉄炮

この動員令では「三間の柄鑓、専用意の事」とか、「鉄炮肝要候の間」とあり、長柄と鉄炮が重視されているが、付けたり条項に「鉄炮肝要候の間、長柄・持鑓等是を略候ても持参」とあって、とりわけ鉄炮が重視されている。ところが、「知行役の鉄炮不足に候、向後用意の事」と、軍役で確保できる鉄炮の数量が不足しているとも述べている。

永禄十二年（一五六九）ころになると、軍役だけでは鉄炮が不足するといい、長柄を略して鉄炮を用意せよとしている。逆の見方をすれば、これは武田氏の鉄炮の使用が活発になった証拠である。

ちなみに、永禄十年十月十三日、武田氏が領国に出した条目の一条に「一、武具の内、別《べっし》て弓・鑓・鉄炮用意肝要の事」と「鉄炮持たれ候人油断なく、倅《せがれ》小者《こもの》等鍛練、尤《もっとも》に候、近日、一向其趣《いっこうそのおもむき》なく、隣国の覚然《おぼえしか》るべからず事」とある。この条項について「これは信玄が最も勢力のあった頃に出したものであるが、特別に鉄炮が重用せられているとは思われず、寧《むし》ろ聊《いささ》か軽んぜられ鍛練を怠っているように思われる」という説がある（渡邊世祐「鉄炮利用の新戦術と長篠戦争」）。

この説は、織田信長が鉄炮の新戦術を考案して甲斐の武田氏を倒したという前提で解釈されているふしがある。戦国時代、富国強兵に邁進《まいしん》している大名が威力のある鉄炮を重視しないはずはない。武田信玄とて、それは同様である。

元亀三年（一五七二）閏《うるう》正月九日、武蔵児玉郡の鋳物師《いもじ》中村氏は御普請役を免除する替わりに「鉄炮の玉並びに薬研《やげん》の奉公、相勤べきの旨」と、玉と玉薬原料の製造に使う道具の薬研の奉公を指示された（「中林文書」）。これも武田氏が鉄炮を重視していた証拠のひとつになる。

鉄　炮　衆

鉄炮衆の活動

織田信長は天文末年（一五五四）に数百挺規模の鉄炮衆《てっぽうしゅう》を編制していた（『信長公記《のぶながこうき》』）。早期の軍用化である。永禄《えいろく》五年（一五六二）二月、毛利元就《もとなり》は「鉄炮放《はなち》の事、承《うけたまわ》り候、元就の所より、今朝、三人申し付け遣わし候」と、尼子《あまご》と対陣している家臣に伝えた（『萩藩閥閲録《はぎはんばつえつろく》』）。おなじ年の八月二十四日、こんどは毛利隆元《たかもと》が「鵰巣《とびす》へ遣わし候、鉄炮はなし中間《ちゅうげん》共の事、今度、敵働に涯分辛労《がいぶんしんろう》仕り、一廉《ひとかど》はなし候、（中略）弥《いよいよ》、褒美をくわうべく候」と、鉄炮放の働きを称えている（『萩藩閥閲録』）。

永禄十二年（一五六九）四月二十九日、豊後大友氏と交戦中の毛利輝元《てるもと》は、市川孫五郎

以下一一名の鉄炮中間に「その表、長々辛労の至りに候、殊にこのごろは立花近陣《きんじん》の儀共に候、鉄放《てっぽう》一廉《ひとかどの》心懸《こころがけ》肝要《かんよう》に候」と士気を鼓舞した。このとき、市川氏は敵二人を鉄炮で倒し、なおかつ敵陣を崩す先駆けの手柄をたてた。この手柄を殿様に披露することを、奉行はつけくわえることを忘れなかった（『萩藩閥閲録』）。ただし、一回に派遣される鉄炮中間の人数は一桁か、十数人だから、大きい規模とはいえない。これが毛利氏の鉄炮衆である。

なお、毛利元就は堀立壱岐守の陣所に高屋小三郎という人物を大鉄炮放のために遣わし、堀立に同心して、彼に大鉄炮を打たせることが肝要と伝えている（『堀立家証文』）。毛利元就は元亀《げんき》二年（一五七二）の死没だから、これ以前に毛利氏は大鉄炮を所有していたことになる。高屋小三郎は大鉄炮の運用に熟達した炮術師と想定してよい。大鉄炮の出現は炮術の発達をうかがわせている。

つぎの年表は「上井《うわい》覚兼《かくけん》日記」の天正十年代の鉄炮関係記事の抜粋である。

天正十一・三　竜造寺可相絡之雑説候間、手火矢衆百帳（挺）程御合力《ごうりき》頼存の由也、此朝、武庫様より、鎌刑・吉作にて御申也。

天正十一・十　合志の返事、宗運の事、春已来《いらい》爰元《ここもと》へ一致たるべき由、懇望仕候条、其分ニ相澄、既に忠棟、拙者神判取替候キ、然《しかる》ニ此方へハ種々ニあいしらい迄にて、竜造寺へ深重申組、質人《しちびと》ニ孫を指置候、其上頃、又重ねて、質甲斐の出雲をさし出、手火矢など数十張合力仕候事、顕然に候。

天正十三・三　西俣七郎左衛門尉被来候、手火矢細工《ざいく》など頼み候、然者《しかれば》、鉄炮など射候て慰候、諸細工など多々させ候て、見申し候、常の如く、此日も細工させ候て見申候、また手火矢きミ（吟味）など仕候て慰候。

天正十四・七　夜中より手火矢揃也、（中略）拙者ハ、昨日終日取添より手火矢射候て、城ノ躰細々見申候也。

最初の記事は手火矢衆一〇〇挺の合力を頼んできたとある。つぎの記事も手火矢数十挺の合力である。そしてつぎは覚兼の所に西俣七郎左衛門がきたので、手火矢細工を頼んだとある。このあと、種々細工をさせとあるから、この人物は鉄炮鍛冶の可能性がある。

毛利方の吉川元春の手紙に、肥前竜造寺氏が鉄炮数百挺を戦いに投入したため、豊後大友氏は近陣もできずに大敗して本陣に引きあげたとある（『堀立家証文』）。そしてルイス・フロイスは、天正十二年三月の報告書に、鍋島氏と大村氏の軍備を「鍋島・大村の軍隊はモスケット銃ににたる鳥銃一千、次に鑓千五百有り、鑓は金色、その次には、長刀《なぎなた》と弓矢

事　　　　　　　項	文　書　名
鉄炮衆（軍役）	井田氏家蔵文書
歩鉄炮廿人（知行書立）	清水一岳氏所蔵文書
七戸へ鉄炮合力	南部家文書
鉄炮放の事（軍役）	歴代古案
鉄放衆	佐竹文書
吉田御鉄炮衆（書状）	萩藩閥閲録
新田へ鉄炮衆合力（朱印状）	戦国遺文
鉄炮衆三百人	真宗諸寺文書
鉄炮衆五百挺火急差越	念誓寺文書
鉄炮衆	伊達家文書
其元てつはう衆	徴古存墨
家康より早々弓てんはうの衆つれ候て、	家忠日記
てつはうしゆ	吉江文書
鉄炮衆信濃へ	家忠日記
ミたけこやへ、鉄放衆番ニ	家忠日記
大藤式部丞並鉄炮衆差越	原文書
鉄炮八千丁あまり相懸	佐藤文右衛門氏所蔵文書
鉄炮衆大戸へ加勢	後閑文書
鉄炮衆一人も異議なく	土佐蠹簡集
鉄放衆十人羽黒之地に差し置	秋田藩家蔵文書
手前之鉄炮衆、彼面々鉄炮上手、常之衆とは相違	宮城県図書館所蔵文書
葛西大崎其外奥口より鉄放衆五百余丁昨日相登候	伊達家文書
大窪紀伊守代官として鉄放衆数多指越され	大条修也氏所蔵文書

の一隊あり、また少数なれども、大砲を備える」と書いている（『日本耶蘇会年報』）。いずれも九州地方における鉄炮の大量使用を伝え、鉄炮衆の存在を示唆している。

表4　戦国期における鉄炮衆の一覧

年　月　日	大　　名（領国）
永禄8・7・3	(下総) 千葉胤富—井田平三郎
永禄12・5・3	(相模) 北条氏政—清水新七郎
永禄12・6・6	(陸奥) 南慶儀—（八戸政栄）
元亀3・8・11	(甲斐) 武田信玄—葛山衆
元亀4・2・14	(常陸) 佐竹義重—
天正2・1・21	(安芸) 吉川元春—井上元教
天正5・5・19	(相模) 北条—北条氏繁
天正5・10・11	(摂津) 下間頼廉—雑賀御房
天正6・6・27	(摂津) 下間頼廉—了順御房
(年未詳)	(陸奥) 伊達家連署—杉目
天正7・7・12	(越後) 上杉景勝—登坂・深沢
天正7・8・5	(三河) 徳川家康
天正10・4・9	(越後) 中条与次—おはりこ
天正10・7・12	(三河)
天正10・10・6	(三河)
天正11・12・6	(相模)
天正13・8・27	(出羽) 伊達政宗—山形殿
天正13・9・10	(相模) 北条氏—神宮武兵衛
天正14・12・15	(豊後) 大友宗滴—長宗我部元臣
天正16・5・13	(常陸) 佐竹義重—赤坂左馬助
天正17・4・18	(陸奥) 伊達政宗—宛欠
天正17・5・28	(陸奥) 伊達政宗—福原氏
天正17・6・6	(陸奥) 伊達政宗—赤井景綱

鉄炮衆の存在　こうした鉄炮衆の存在は全国的であった。いちいち説明すると、煩雑になるので、年代と地域と領主を軸にした簡単な「戦国期における鉄炮衆の一覧」をあげるにとどめたい（表4）。

炮術師の転身　信長の没後、織田家臣のなかには伊勢の織田信雄《のぶお》の家臣に転身する者が少なくなかった。「織田信雄分限帳《ぶげんちょう》」には「橋本伊賀」の名前と知行高が記載されている（『新編一宮市史』）。

一、七百三拾貫文いぼり　ぎちやう　ミヤケ　このもと橋本伊賀　弐千弐百五拾貫目録別に有、御鉄炮衆御代官同都合参千貫御代官自分共に、

さらに分限帳には、橋本伊賀より知行高のある鉄炮衆として山本小六郎（邑重）の名前がみえる。山本氏は天正十四年七月二十三日、織田信雄から鉄炮衆の財源一〇〇〇貫文をふくめて総計一六八四貫七五三文の地をあたえられた。そして小六郎の子息山本平六郎（邑次）は天正十六年十二月十六日につぎの宛行《あてがい》をうけた（「記録所本古文書」）。

一、七百参拾弐貫五百四十文　小森・河内両郷
一、五百七十九貫三百五拾弐文　伝法寺の郷
一、三百七十弐貫八百六十文　石橋の郷

父小六郎分扶助《ふじょ》として、都合千六百八十三貫九百文宛行《あてがい》おわんぬ、ただし、右の内、千貫文は、鉄放三拾挺これを遣わさる条、その意をなし、まったく領知《りょうち》すべし、忠功を抽《ぬきんず》べきの状、件の如し、

天正十六年十二月十六日　信雄《（織田）》（在判）

宛行状《あてがいじょう》には「右の内千貫文は鉄放三拾挺、これを遣わされ」と注記があり、山本氏が織田信雄の直属の鉄炮衆であったことを証明している。なお、山本小六郎は天正十四年七月二十三日に「石橋郷、伝法寺郷、小森・河井両郷」で一六八七貫七五三文、このうち一〇〇〇貫は鉄炮衆の財源を宛行われている（「同前」）。橋本伊賀も山本氏とおなじ立場にあったことは疑いあるまい。

天正十二年（一五八四）六月十三日、織田信雄は吉村氏以下の諸氏に「敵、今朝、退散《たいさん》の由、その意をえ候、弥《いよいよ》、そこもと、相替儀《あいかわるぎ》候わば、追々《おいおい》、注進、待ちいり候」「猶々《なおなお》、鉄炮にて手負《ておい》、数多《あまた》打出し候旨、近頃、神妙の仕置《しおき》に候」と伝えた。諸氏は鉄炮で多くの敵勢を負傷させる手柄を立てたが、このなかに橋本伊賀がいた。橋本伊賀は鉄炮巧者《こうしゃ》であったのである。姓と役割、それに炮術は家業として代々継承されるから、橋本伊賀が橋本一巴の子息とみても誤りはあるまい。諸国遍歴を看板とする武芸者の二代目が、土地に定

着して武士に転身した。これは鉄炮の軍用化にほかならない。

戦国大名は大量の鉄炮を常備し、なおかつこれを機動的に運用する必要があった。そのために鉄炮衆の財源が用意された。たとえば、

後北条氏の鉄炮衆

天正十三年九月十日、後北条氏は神宮武兵衛以下の鉄炮衆に上野国吾妻郡の大戸への加勢を命じ、北条氏邦の指揮のもとに走り廻るように命じた。そのときの朱印状《しゆいんじよう》をあげよう（「後閑文書《ごかんもんじよ》」）。

鉄炮衆

一、六挺　両後閑衆

一、三挺　木部宮内衆

一、二挺　和田左衛門衆

一、一挺　高山彦四郎衆

一、七挺　倉ヶ野淡路衆

一、拾挺　神宮衆

以上三拾挺

右の鉄炮衆、大（上野国吾妻郡）戸へ加勢として指越し候間、此《この》飛脚十四日に参着すべく候間、

翌日、一日支度《したく》して、いずれも召し連れ、一同相移り、房州（北条氏邦）作意《さくい》の如く走り廻るべく候、よって件の如し、

（天正十三年カ）九月十日（虎朱印）

神宮武兵衛殿

この飛脚は十四日に到着するから、翌日、一日支度をして、いずれも召連れて、一同が移動して、鉢形《はちがた》城主の北条氏邦の指揮にはいって、走り廻るべしという命令である。これら鉄炮衆は後北条氏から扶持を支給された。それは前年の天正十二年霜月十七日、北条氏政が宇津木下総守氏久に鉄炮衆の扶持をつぎのように支給しているからである。こんどは、その印判状《いんばんじょう》をあげよう（「宇津木文書」）。

拾人　鉄炮衆

此御扶持給夫銭《ぶせん》

拾二貫文　申八月ヨリ丙七月迄、御扶持十二ヶ月分

拾三貫三百三拾文　申歳秋夫銭

此外酉春夫銭除之

六十一貫三百七十文

此内

拾五貫文　拾人　上紬

拾三貫文　拾人　中紬

已上《いじょう》弐拾八貫文

残而

五拾八貫六百七拾文　都筑より出すべし、

以上

右、相違なく請取るべきの者なり、よって件の如し、

甲申（天正十二）

（虎印判）霜月十七日

宇津木下総守（氏久）殿

北条氏は天正十四年十二月、天正十四年十一月、さらに天正十六年十二月に二度、鉄炮衆一〇人分の扶持給を宇津木下総守に支給している（「宇津木文書」）。宇津木氏は北条氏の鉄炮衆である。

天正十六年（一五八八）五月七日、鉢形城主北条氏邦の陪臣吉田新左衛門は直接の主人

の猪俣邦憲から親和泉(吉田政重)の一跡、小島郷で一〇〇貫文を安堵《あんど》され、同日、賀美《かみ》郡黛之郷《まゆずみのごう》で一五〇貫を給されたが、あとの分は「百貫文、鉄炮衆一式十人の扶持給、但し一人四貫文の給、一貫の扶持なり」とある。吉田氏も北条氏の鉄炮衆に編成されていた。

つぎの二通の宛行状も鉄炮衆の財源を示している（「北条文書」「北村文書」）。

原中尾郷の内、鉄炮放《てっぽうはなち》両人の給分職《きゅうぶんしき》拾五貫五百扶助せしむの上、相違あるべからずの状、件の如し、

天正拾年

四月　日　　　　左近(滝川一益)（花押）

北条長門守殿

多会(度会郡)の郷において、弐拾六貫の分宛行畢《おわんぬ》、まったく領知《りようち》いたすべきの旨《むね》、右、件の如し、

天正十一癸未《きみ》　　　　玉(田)丸中務

十二月廿四日　　　　直息（花押）

多会鉄炮之者

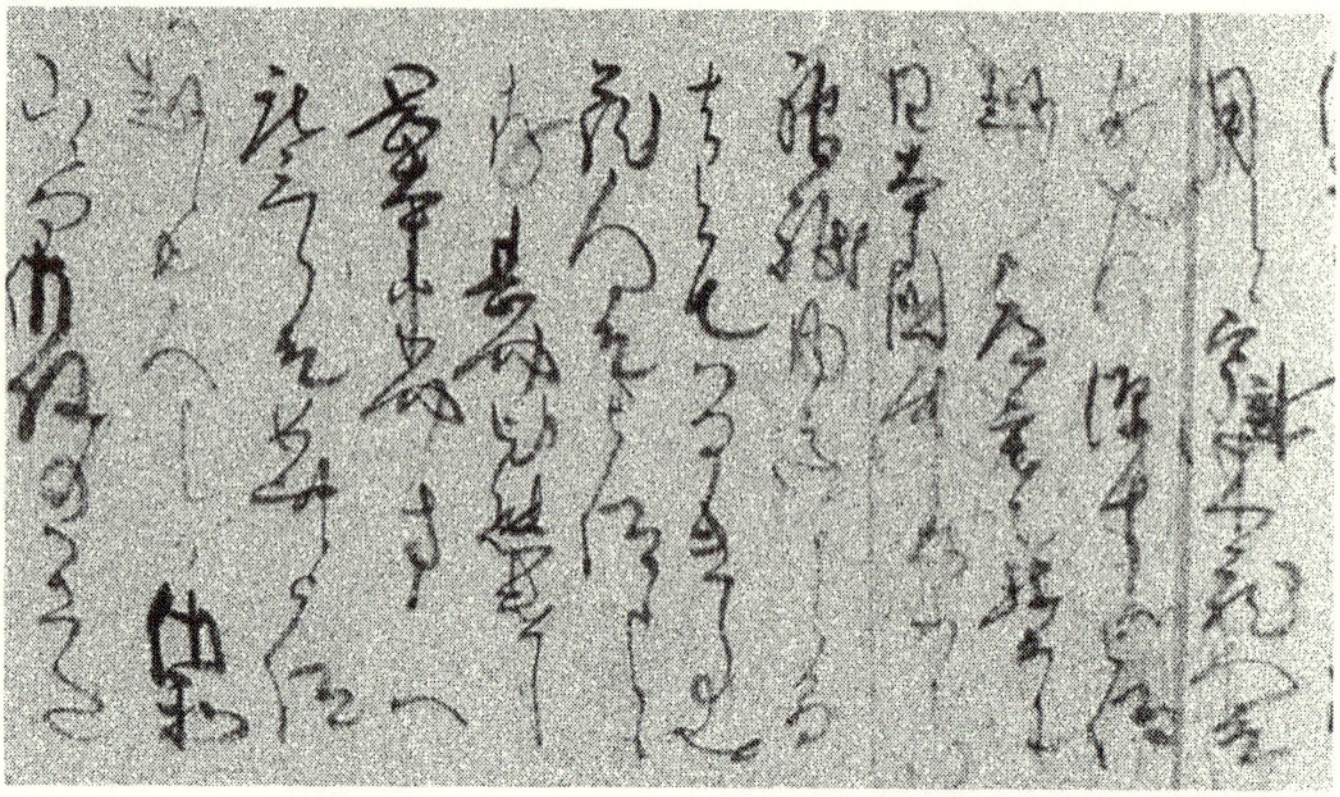

書状（大阪城天守閣蔵）

　　源三郎
　已上廿七人

織田信長の部将滝川一益《たきがわかずます》は家臣の北条長門守に原中尾郷内からふたりの鉄炮放の給分職として一五貫五〇〇文を扶助し、また伊勢の田丸直息は、多会の鉄炮の者源三郎以下二七名に同郷において二六貫を宛行《あてが》った。あとの多会鉄炮の者は、いずれも無姓であり、農民というより半分は狩猟を生業としていた者たちかも知れない。そうだとすると、鉄炮の軍用化は狩猟民をも支配下に組み込みながら進んだことになる。

泰繁は稲富流を相伝

さきの宇津木下総守は氏久といい、武田・北条氏につかえ、小田原没落後、本領の上州福島村に居住した。その後、天正十八年に井伊直政《いいなおまさ》が上州の箕輪《みのわ》

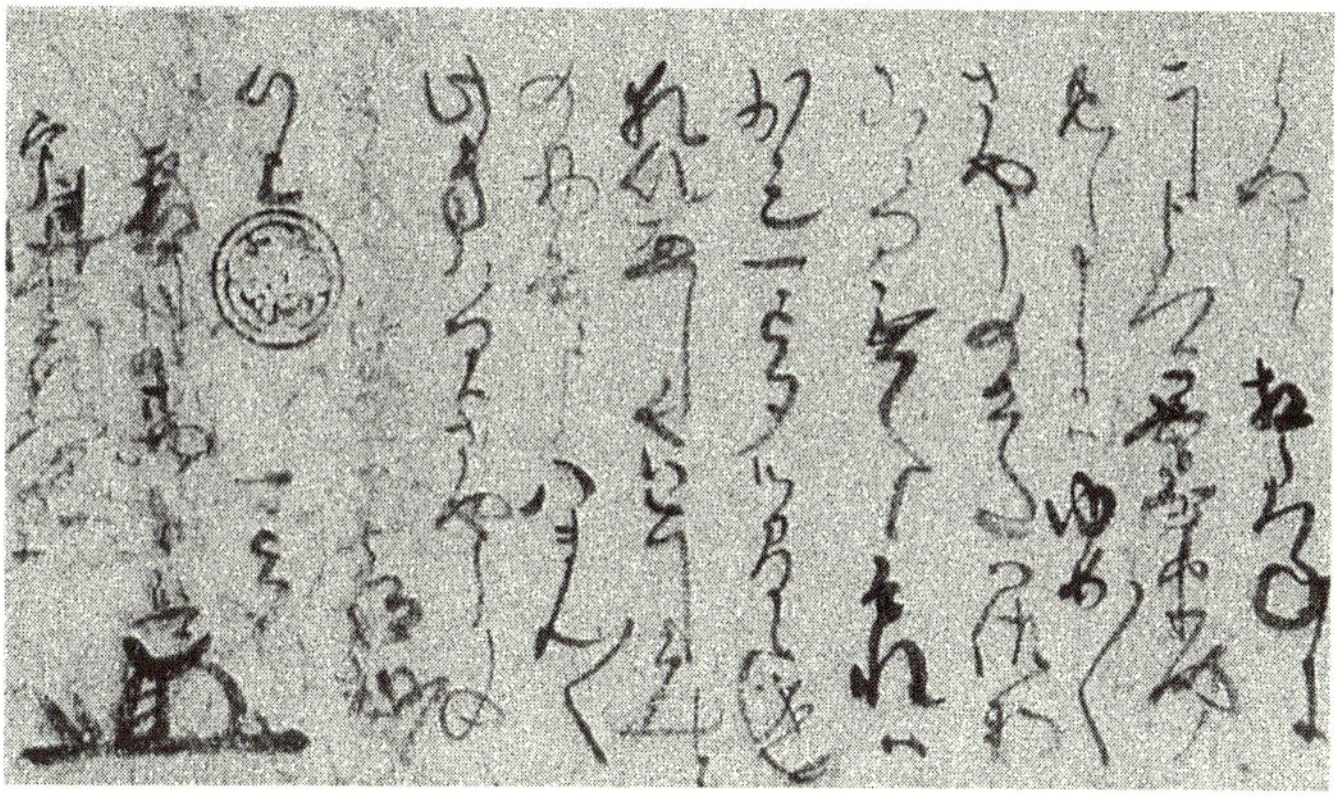

図15　宇津木氏宛の稲富一夢

に入城すると、氏久の本領はその支配地になった。下総守が歴戦の武将ということで、井伊家は下総守を召抱えようとしたが、氏久はこれを辞退して、惣領の勝三郎を奉公にだし、徳川家康の旗本になった（「侍中由緒書」）。

勝三郎は実名を泰繁といい、天正十八年、十九歳で井伊直政につかえ、九戸《ここのへ》の陣に供奉《ぐぶ》し、帰陣の後、上州福島において知行六〇〇石、御着の具足、井伊が家康から拝領した脇指《わきざし》を賜り、天正二十年（一五九二）正月十一日、二十歳のとき、父の隠居料二五八石を拝領して、総計八五八石を知行し、慶長三年（一五九八）八月の豊臣秀吉と翌年の前田利家の葬儀に列席して、伏見や大坂を往来して井伊直政の側近くにつかえた。

上州高崎においては足軽大将を仰せ付けられ、

関ヶ原や大坂の陣では物頭《ものがしら》をつとめ、家の小旗「う」の字の使用を許され、関ヶ原の陣後、慶長七年三月七日、井伊直政の遺言により二〇〇石、さらに大坂の陣の戦功により井伊直孝《なおたか》から二〇〇石、元和四年（一六一八）に三〇〇石、寛永四年（一六二七）に七〇〇石を加増され、総計二〇〇〇石を知行した。

この間の元和元年七月、伏見において台徳院（徳川秀忠）に鉄炮の上覧をおこない褒美をたまわり、両代（直政・直孝）の上洛には、必ず供奉して中老分をつとめることがたびたびであったが、寛永十二年（一六三五）正月に病死し、遺物の七〇目玉大筒《おおづつ》を井伊家に献上した（「宇津木文書」）。

> 去年の六月、越前少将（松平忠直）様から鉄炮を稽古したいと、壱岐主馬《いきしゅめ》方を通して少将様の御年寄衆から手紙がきた。その後、内々で御相伝申しあげると伝えたが、延引してしまった。それで沢村角右衛門が内々で御相伝申しあげたいので、こんど、少将様が御下向のとき、関ヶ原へ角右衛門が罷《まか》り出てお礼を申し上げる。

これは泰繁が印具徳右衛門に宛てた九月十六日の手紙の一部である。自分が松平忠直に相伝すると言っているから、泰繁自身が極意をうけていたのである。越前少将は福井藩主の松平忠直である。沢村角右衛門（之相）は稲富流の炮術師であるから、宇津木泰繁の流派は稲富流であり、越前少将が稽古を望んだ流派もまた稲富流である。

ところが、奈良の大和文華館の所蔵する越前少将宛の伝書（一九帖）は慶長十七年（一六一二）で、伝授者は浜口勘右衛門長久とある。手紙のあと紆余曲折があって、結局、浜口が越前少将に相伝した。この前年、稲富一夢は病死したが、一時、一夢は井伊家につかえていたことがあった（「井伊家分限帳」）。泰繁は稲富流を稽古して極意をえたが、初代氏久は鉄炮衆をひきいているから、炮術に熟達していたにちがいない。

鉄炮衆の鍛錬

武田勝頼は天正三年（一五七五）十二月十六日、尾張・美濃・三河・近江に出陣するために信濃小県郡《ちいさがたぐん》の小泉昌宗に条目をだした（「続錦雑誌」）。その一条に鉄炮が肝要だから、今後は長柄を略し、なおかつ鉄炮上手の足軽を選んで鉄炮を持参せしものは忠節と述べ、また弓と鉄炮を鍛錬しない者を連れて来てはならぬ、今後、陣中に検使を遣わして鉄炮改めをおこない、鍛錬しない者は過怠《かたい》にするとある。

さらに天正四年二月七日、武田勝頼は小田切民部少輔《しょうゆ》の軍役を、道具数四〇、乗馬共四六と定めたが、鉄炮については、鉄炮上手の歩兵の放手《はなちて》とあり、玉薬《たまぐすり》は一挺につき三〇〇放《はなち》宛支度すべしと条件をつけた（「浄行寺文書」）。

またこのころと推定される武田氏の一族穴山信君《あなやまのぶぎみ》が駿河今宿《するがいまじゆく》の商人松木与左衛門以下九名に宛てた定書には、「敵方より鉄炮と鉄を購入できるならば、運搬の夫馬を二、三百疋をつかわすべし」とある（「清水市史料」）。武田氏は鉄炮の確保に躍起になっているが、これは天正三年五月に織田・徳川の連合軍と設楽ヶ原《したらがはら》で戦った、いわゆる長篠《ながしの》合戦で鉄炮による壊滅的打撃をうけた反映である。

勝頼が必要としたのは、厳しい鍛錬を積んだ鉄炮上手の放手であった。戦いを前提とした鍛錬がいかに厳しいものであったかは、つぎに紹介する「鉄炮稽古法度《はっと》之条」にあきらかである（「上杉家文書」）。

一、師匠のおしえを能々《よくよく》念を入、習い覚え、初条より極意《ごくい》まで伝受《でんじゅ》して、毛頭《もうとう》その法度に背《そむ》くべからず、師伝を受けず、遠近《えんきん》もしらず、薬《くすり》つもり推量《すいりょう》に、むざとうたば、公界《くがい》の参会にうたせ間敷《まじ》く事、

一、鉄炮教え候事、その身ふかく思い入れ、執心《しゅうしん》いたし、もとよりかひ〳〵（甲斐）しく、用に立つへき者には、極意まで残らず教えるべし、自然贔屓《じねんひいき》の者とて、役に立まじき者、覚悟も定まらず、鉄炮執心もせず、軍役の一理に思うものに、極意迄おしえ候ハバ、曲事《くせごと》たるべき事、

一、胴薬《どうやく》念を入れ、能方にて、われと合い覚え、筒（鉄炮）相当にはかり目を定め、あひ（合）玉こしらへ嗜《たしなむ》べし、修羅星《しゅらぼし》の薬つもり、同前たるべき事、

一、口薬《くちぐすり》いかにも念を入れ、軽からす、おもからず、よき比《ころ》に合い、雨にあひてもくるしからざるやうにこしらへ、入念に持つべき事、

一、火縄わが筒に合い、ふとからず、ほそからず、立ちきえせぬやうに、雨又水にあひても役に立様に、こしらへ持つべき事、

一、平生台金物《へいぜいだいかなもの》念を入れ、引金《ひきがね》あちわひ、こハからず、つよからす、よきほどにこしらへ持つべし、自然不嗜《ぶたしな》み、疎想(麁想)に持ち候者、筒を取り返すべし、筒を自分に嗜み候者も一やう成共《なりとも》、道具無念に候者、うたせ間敷《まじ》く事、

一、組々の内にて、互《たがい》になをし(直し)なをされ、みがき合い、上手にならんと嗜むべし、我は不器用にて、人をあなつりいやしめ、習わずしてわるかの有者ハ申すにおよばず、惣《すべ》て役にも立かたく不心得なる者をば、いそぎ組をはずすべし、徒《いたずら》に未熟ものをかくし置候者《そうらえば》、与頭《くみがしら》の儀者《は》申すに及ばず、組中の曲事《くせごと》たるべき事、

一、公界晴業《くがいはれわざ》の時、その場にて借筒《かりつつ》を以《もっ》て打べからず、勿論《もちろん》秘蔵の持筒、親にも子にも借べからず、種子島一放也とも人に借りるべからず事、

一、星《ほし》打候時、玉薬借切停止《かりきりちょうじ》すべし、自然武前《ぶまえ》拠無き所にてハ、時宜《じぎ》に依《よる》べし、いかにも律儀に返弁すべき事、付けたり、口薬右同前の事、

一、公界にて打候時ハ、上下によらず、二放より外、撃つべからず事、

一、薬をつきてからハ、筒の持やう筒先を空へなすべし、縦《たとえ》人の居らざる方なりとも、筒を横に持つべからず事、

一、打物ある時ハ、星・人・鳥・獣によらず、筒先をおしあつると少しもちかハぬやうに持あだ落成とも、はずれぬやうに嗜むべき事、

一、わが薬をつきたり共、手を離し、程をへてうたば、かるかをさし、二重つきを念を入れべし、況《いわん》や人に薬をつかせ、その儘《まま》うつ事、卒爾《そつじ》故《ゆえ》あやまちをし出したらむ、罪に行うべき事、

一、火計立《ひばかりたて》、火のわたら《(渡)》ぬ時と、引金ハ落て口火もたたぬ時ハ、いかにも静に筒先を空へなし、下に居て火さら《(皿)》をはらい、よく念を入れ、筒先を空へなしたる儘にて、脇《わき》へより、一時も片時もそのまま居べし、左様《さよう》の無念ならば、侍ハ改易《かいえき》、以下の者は成敗《せいばい》たるべき事、

一、物をうつ時、筒を顔にあつると、いき《(息)》合ほど、拍子位を肝要に嗜むべし、すりあげ《(摺上)》、すりおろし《(摺下)》、長ため見苦敷《し》き躰《てい》にて、公界はれわさ《(晴業)》ハ、物にあたりたりとも嫌べき事、

このあと、いかに上手になっても（鉄炮は）鳥・獣・星の用ではなく、武前にて、鑓下の一放の嗜みが肝要とある。鉄炮の稽古は狩猟や標的射撃ではなく、鑓下の一放、すなわち、命がけの戦いのためであった。この「鉄炮稽古法度之条」は慶長十二年（一六〇七）の上杉家のものであるが、さきの武田勝頼の出した条目の内容と共通した部分が多々あり、ともに戦乱の世であってみれば、大差があったとは思えない。

やがて戦いがなくなると、こうした厳しい稽古は敬遠された。上杉家の炮術師の述懐を聞くと、その後、みなに鉄炮の鍛錬をしなければと、力のある者に打たせても、鉄炮を投げだす始末で、しだいに稽古がやわらかになり、いまでは子供まで簡単に打てる稽古になったと慨嘆している（「上杉家文書」）。

鉄炮鍛冶の確保

武田信玄が旭城の栗田寛明に合力《ごうりき》のために鉄炮三〇〇挺を搬入した。武田氏の動員令をみると、鉄炮が不足するとの文言《もんごん》が多い。軍役賦課の状況から三〇〇挺を確保するとなると、なみ大抵《たいてい》ではない。

永禄四年（一五六二）三月二十四日、北条宗哲は近臣の大藤式部に、備えを堅固にし、配備した鉄炮五〇〇挺をもって、敵の軍勢を堀端に近づけてはいけないと厳命していた。五〇〇挺もの鉄炮を軍役で確保する、これは北条氏でも容易ではあるまい。

元亀《げんき》四年（一五七三）五月十四日、上杉謙信が河隅三郎左衛門と庄田隼人の両人に海賊がきたら、地下人も武装して鑓や小旗を用意して、村の要害を守ることを命じ、庄田は鉄炮一五挺を用意すべきであり、こちらからも鉄炮を送るとある（「岡田紅陽所蔵文書」）。海賊を撃退するための鉄炮が一挺や二挺ということはあるまい。これらの史料の信憑性《しんぴょうせい》に問題はないから、領主は軍役以外の方法で鉄炮を確保していたことになる。

北条氏康は元亀二年二月二十五日、江戸衆の会田と窪寺の両氏に「房州衆、市川筋相動《はたらく》の由に候、其地へ加勢の衆、江戸衆に申付候、鉄炮・玉薬指し越し候、近藤万栄の所より越すべく候」と伝えた（「穴八幡宮所蔵文書」）。安房の里見氏が市川筋に侵入してきたので、北条氏康は江戸衆に加勢を命じ、近藤万栄の所から鉄炮と玉薬を届けたのである。この近藤万栄は『小田原衆所領役帳』によると、江戸の浅草鍛冶とある。

また天正二年（一五七四）三月三日と推定される北条氏政から由良六郎宛の手紙の一節に「重《かさね》て近藤をもって申候、委細《いさい》、口上《こうじょう》に附与《ふよ》候、将又《はたまた》、鉄炮の玉薬進《まいら》せ候、追て乏《ぼう》少《しょう》と雖《いえど》も、蜜柑《みかん》進せ候」とある（『戦国遺文』）。この由良氏は新田金山城主の横瀬氏だが、玉薬を送った近藤は、やはり江戸浅草の鍛冶である。

永禄三年（一五六〇）十月四日、北条氏康が富岡氏の地が敵と最初に遭遇するので、鉄炮薬と玉を送付した事実をみた。近藤の名こそないが、ほかの例から送り主は、江戸浅草鍛冶にちがいない。後北条氏は直属の職人の江戸鍛冶に鉄炮や玉、および玉薬をつくらせ、これを各地の陣所に運んでいる。後北条氏は動員で鉄炮を確保しながら、そのいっぽうで領主の専有になる鉄炮の確保につとめたのである。

天正七年八月六日、この日、近江の安土《あづち》の山で信長主催の相撲大会が開かれた。国中の相撲巧者が押し寄せたが、甲賀《こうが》の伴正林《ばんしょうりん》という若者が、たいそう強く、翌日も勝ち進んで、抜群の成績をあげた。このころ、鉄炮屋与四郎は咎《とが》があって入牢していた。信長はこの咎人の所有する私宅、資財、雑具《ざつぐ》に知行一〇〇石から熨斗《のし》付きの刀と大小の脇指《わきざし》、小袖《こそで》、鞍置《くらおき》の馬にいたるまで取り上げて、勝者の伴正林に褒美としてあたえた（『信長公記』）。

鉄炮屋与四郎は国友の鍛冶と思われるが、信長に雇われて安土に住して鉄炮を製作していた。資材があるから、暮し向きは余裕があったようだ。この時期、鉄炮はいくらあっても不足していたから、景気がよかったのだろう。咎の内容を憶測すると、信長から知行をあたえられていたにもかかわらず、ゆるしもなく他家の鉄炮を製作したのではないだろうか、いずれにせよ、与四郎がつくるべきは領主の鉄炮であった。

上杉氏の領国出羽《でわ》の米沢で鉄炮が流行していたころの話しである。和泉堺の松右衛門が鉄炮をたずさえて当地にきた。上杉家では彼に知行をあたえ、手伝いの者を四、五人つけ、さらに扶持《ふち》を取らせて鉄炮をつくらせた。またあるときは、近江日野の鉄炮鍛冶の九右衛門が一〇〇挺の鉄炮を持参して商いにきた。持参の鉄炮を試してみると過半が壊れた。これは中古品にちがいない。九右衛門は直江《なおえ》兼続《かねつぐ》から二、三人の手伝人と扶持をあたえられた。近江の国友と日野の鍛冶は家中の鉄炮もつくったが、やはり領主のそれを多くつくったに相違ない（「上杉家文書」）。

さきの天正五年（一五七七）七月十三日、北条氏政が武州岩付城主の太田氏房の鉄炮奉行に対して、鉄炮を点検し、毎度の備えに不足があれば、書立るべきであり、普段から筒を拵《こしら》えることが大事だと、通達していた。このような通達は、なにも岩付城だけが特別ではなく、領国全域におよんだであろうから、不足分は相当な数量になったと思う。それを後北条氏が調達したのだから、やはり領主の専有する鉄炮があったとみなければなるまい。

権力の象徴

軍役にない大型砲

豊臣氏と対決が迫った天正十五年（一五八七）九月二十七日、北条氏は大磯から小田原の伝馬宿中《てんまじゆくちゆう》に「鉄炮の御用の荷物、三五駄を大磯から小田原迄、廿八日から晦日までの三日間で新宿の鋳物師《いもじ》に渡すべし」と命じた。翌年の正月にも伝馬宿中に「鉄炮の玉を鋳《い》る御用で、大磯から二四駄の荷物を明日から十七日まで五日間のあいだに小田原へ届けて須藤に渡すべき」と命じている。

そして天正十七年十二月、後北条氏は鋳物師の棟梁《とうりよう》の山田氏に大筒《おおづつ》二〇挺を至急、鋳造するように命じた。二〇挺の大筒は、小田原鋳物師の長谷川六郎左衛門、同源十郎、半田、千津島の石塚五郎右衛門、同主計、鵜塚、植木新宿の内匠、川那の清左衛門、三浦鴨居の小松、荻野の森豊後、同木村内匠、同田村大炊助、井山の山城のおもだった鋳物師に割り当てられた（『相州文書』）。はたして二〇挺の大筒が鋳造に成功し、要所の陣所に配備されたかは定かではない。いくら軍役をみても大筒の賦課はみあたらない。とすると、大筒は後北条氏の専有物になる。

豊後の大友氏は永禄三年（一五六〇）三月、室町将軍の足利義輝に石火矢《いしびや》を贈り、また外国勢力から対毛利戦と島津戦にそなえて石火矢を移入した。天正三年（一五七五）五月二十八日、筑前《ちくぜん》立花城主の戸次伯耆守《へつぎほうきのかみ》入道道雪《どうせつ》は女誾千代《きんちよ》に財産を譲ったが、そのなかにつぎの御城置物の武具がはいっていた（「編年大友史料」）。

一、具足《ぐそく》三十領　懸威《かけおどし》　但し此《この》内二領　尾張具足
一、同甲三十　内十一ヲワリ甲　十一桃《もも》なり　八小泉《こいずみ》
　立物《たてもの》円月
右、不断召し置く、無足人のために調い置候なり、
一、大鉄炮十五張　小筒壱張
　拝領により多年秘蔵せしめ候、

三〇領の具足は無足人の用意であり、一五挺の大鉄炮は大友氏からの拝領品であり、多

年秘蔵したとある。具足はともかく、一五挺の大鉄炮は大友氏から拝領したのだから、これらはかつて領主大友氏の専有物であった。さきの毛利元就が高屋小三郎という人物を大鉄炮放《はなち》のために堀立壱岐守の陣所に遣わしたことをみた。大鉄炮と大鉄炮放は領主権力と直結している。これもまた領主の専有物と指摘できよう（『堀立家証文』）。

大型砲の帰属

織田信長の軍船には大砲三門が装備されていた。この大砲は後継者の豊臣秀吉にひきつがれた。豊後の大友宗滴（宗麟）は豊臣秀吉に案内されて大坂城内を見物したが、一階の下の蔵には手火矢《てびや》と玉薬の蔵があり、ほかの階にも大手火矢と大筒があったと国許の手紙に書いている（「編年大友史料」）。

文禄の対外戦のとき、豊臣秀吉は諸大名の所持する石火矢を集めるとともに、播磨《はりま》の鋳物師に石火矢を鋳造させた。文禄三年（一五九四）三月十八日、薩摩の島津義弘は豊臣秀吉の奉行寺沢氏から石火矢二挺、玉薬三〇〇斤、玉三〇〇〇斤を受け取った（「島津家文書」）。

土佐の長曾我部《ちょうそかべ》氏の浦戸《うらど》城には複数の石火矢があった。また徳川家康が大坂の両陣のとき多数の大型砲を装備したことは周知の事実である。大型砲は領主自身が外国から入手し、分国あるいは他国から鋳物師や石火矢師を動員して製造した。天正以後、各地の領主は大型砲の製造に積極的であったが、家臣の軍役には一向にあらわれない。大型砲はまさに領主の専有物であり、領主権力の象徴ともいうべき存在であった。

天正十六年（一五八八）五月二十一日、後北条氏は鉢形城主の北条氏邦に、この城は境目にあたるので、当番、鉄炮の玉薬、矢以下を、その着到にしたがって入れ置き、少しの油断もあってはいけないと指示した。豊臣秀吉の来襲にそなえて、上野国にある北条方の属城権現山には、つぎのような大小の鉄炮が置かれていた（「吉田文書」）。

権現山有之城物の事

一張　大鉄炮
五十　小鉄炮
六十九　大鉄炮玉、但、小玉二ツつつ紙二くるミ、大玉ニこしらい申候、
千仁百放　合薬
千三百五十　くろ金玉
九百　同玉　鉢形より御越成され候、御使江坂又兵衛
六十八　大玉　同断
拾四放　同薬　同断

九斤　　　合薬《あいぐすり》　同断
千五百　　矢　此内五百金様同断

おなじ年の十月十三日、北条氏邦の陪臣吉田新左衛門は「鉄炮十五挺、合薬千五百放、焔硝一箱、玉三千二百、数鑓《かずやり》二十本、持鑓二本、持旗二本、徒歩旗十二本、矢百、弓三丁、空穂《うつぼ》一保《ほ》、大玉廿、但し切り玉、兵糧拾俵」の軍役を賦課され、権現山城に在城した(「吉田文書」)。城にある鉄炮類が軍役によるものでないことは、吉田の員数とちがうばかりか、くろ金玉の九〇〇以下の大玉、玉薬は本城の鉢形から届けられたとの注記があるから、これは城付、すなわち、領主の専有物とみなせる。

因幡《いなば》鹿野の城主亀井政矩《まさのり》は元和三年(一六一七)八月、江戸幕府から石見国《いわみのくに》の津和野《つわの》城を預かった。城引渡しの重要書類の「城鉄炮並武具之目録」(明細前掲)によると、青銅製の石火矢三挺の大型砲をふくめて一〇二〇挺の銃砲があった。元和偃武《げんなえんぶ》のあと、各領主が専有していた銃砲のすべては江戸幕府の専有物になった。戦国時代から元和偃武までの天下一統の過程は、領主権力による銃砲の専有化の過程であった。

技術の発達と停滞

各種玉の開発

発達する炮術

揺籃《ようらん》期の炮術は、射撃の心得、射法、玉薬《たまぐすり》原料の製法、玉薬の調合法にあったが、その後、これらの深化にくわえて、銃砲の製作、玉の開発、弾道の研究など炮術の技術は、戦いのなかで着実に発達した。また揺籃期の炮術師のなかには商人や修験者《しゅげんじゃ》の系譜をもつ者がいたが、炮術師が諸国を遍歴し、大名に雇われて家中に炮術を教え広めて、この技術が武士のあいだに浸透すると、こんどは武士出身の炮術師が輩出し、軍用のための厳しい鍛錬をつんで神技を発揮する流祖となり、それぞれが技を競って活況を呈した。しかし、江戸幕府の政権が安定した五代将軍綱吉の天和二年（一六八二）、天下一の呼称は全面的に禁止され、戦乱の諸国を転々としていた炮術師の天下一も影をひそめて、炮術の技術は停滞した。近世大名の知行取となった炮術師は、大名屋敷や幕府の角場《かくば》（射撃場）や町場という稽古場において武芸のための炮術に専念し、代をかさねるうちに江戸時代の身分制社会のなかに埋没したのである。ここでは軍用技術として発達した炮術の内容と炮術師の近世家臣への転身の過程を明らかにしたい。

各種玉の存在

永禄十年代を過ぎ、元亀《げんき》、天正《てんしょう》年間になると、鉄炮の使用は年を追うごとに激増し、大型砲の使用も顕著になった。備中《びっちゅう》国川上《かわかみ》郡成羽《なりわ》郷の豪族三村元親は毛利家臣の粟屋元真に「陣中であるので、無沙汰をして面目次第もない。鉄炮火箭《ひや》を相伝したこと、一段と本望である。たくさん拵《こしら》えて、是非とも（敵城）を焼き崩して下されば、まことに大慶である」と伝えた（『萩藩閥閲録《はぎはんばつえつろく》』）。

この手紙は永禄八年（一五六五）から天正元年（一五七三）のあいだと推測されるが、三村元親は焼き崩しを期待しているから、鉄炮火箭は文字通り焼夷《しょうい》の技術である。炮術師や流派名は詳らかにできないが、粟屋元真は戦いに役立つ鉄炮火箭の製作と発放の技術を取得したのである。

火箭の詳細は不明だが、慶長四年（一五九九）三月十五日付の安見流《あみりゅう》の祖安見右近丞一之が堅田《かただ》兵部少輔に授けた伝書をみると、火薬の成分は焔硝《えんしょう》、硫黄、灰（炭）に鉄砂と

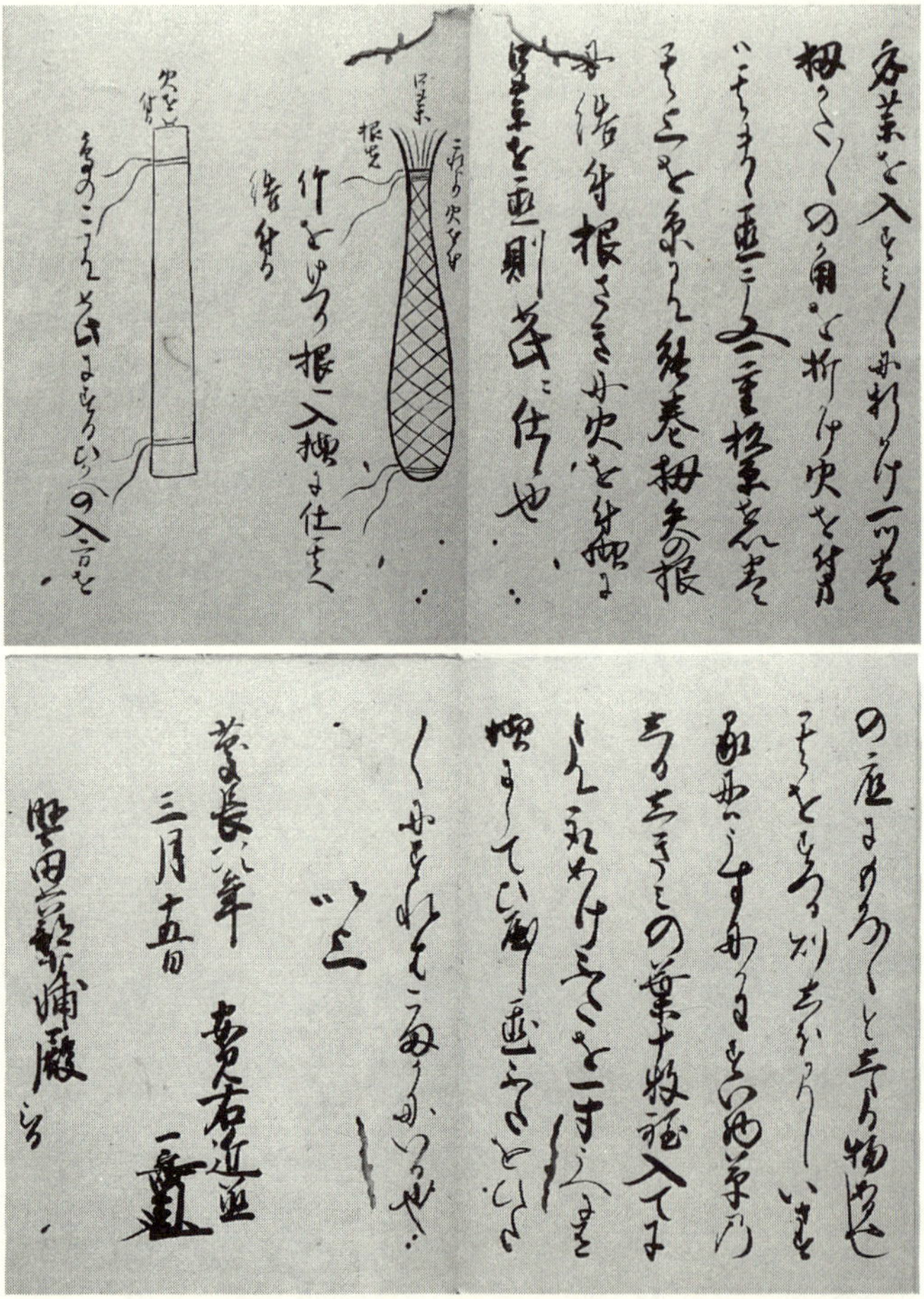

図16　火矢の製作を伝える安見流伝書（慶長4年3月，国立歴史民俗博物館蔵）

ある。鉄砂は鉄の粉末で火花を発する効果がある。和紙に玉薬をいれ、上と下の二ヵ所を糸でむすび、その糸を矢の根に結び、根先《ねさき》に口薬を置いた（「安見流伝書」）。鉄炮火箭は鉄炮から放って、敵城を焼くために開発された、いわば特殊な玉である。

永禄元年（一五五八）七月十二日に織田家の炮術師橋本一巴が林弥七郎と決闘したさい、鉄炮に込めた玉は「二つ玉」とあった。玉を二個込めたのである。また後北条氏の上野国の権現山城には、豊臣秀吉の来攻に備えて、大小の鉄炮六一挺、鉄と鉛の玉が一四八七個、それに一二一四放の玉薬、九斤の合薬《あいぐすり》があったが、大鉄炮の玉は小玉二個を紙につつんで、大玉にしたと注記がある（「吉田文書」）。小さい玉を二個、紙につつんで大玉に拵えたのである。これも二つ玉である。

後北条氏一門の北条氏照が守備した武蔵国の八王子城跡から青銅の玉、鉄の玉、土製の玉鋳形、中空の鉄玉の類が出土した（『八王子城』）。さらに慶長年間（一五九六〜一六一〇）に備中国奉行を勤めた小堀政一が近江の国友鉄炮鍛冶に「切玉」を注文している（「小堀政一関係文書」）。この切玉のつくり方を炮術伝書はつぎのように説明している。

はじめ三匁五分の鉛玉を一〇〇粒くらい用意する。つぎに玉を叩いて四角にし、油を練って固めながら、角柱状に組みあげる。そしてつぎに角を削り落として円柱状にして、これをふたつに切って玉にする。これが名称の由来になっている。小堀政一の切玉注文は慶長期であるが、天正十六年（一五八八）十月十三日に北条氏邦の陪臣吉田新左衛門の軍役に「大玉廿、但し切玉」とみえ、この玉が慶長以前に存在したことがわかる。

昭和四十九年（一九七四）、上杉氏の居城春日山城に近い長池山《ながいけやま》（新潟県上越市）から多数の遺物に混じって玉二四個が出土した。材質は青銅、鉛が主で鉄の玉はないが、筆者の観察によれば、このなかに半球の玉が一個あった。この遺跡は出土品の調査から慶長以前であることはまちがいなく、天正六年（一五七八）の御館《おたて》の乱のころでもおかしくはないらしい。

文献と遺物による玉の証拠はこれくらいだが、各種の玉は橋本一巴の記事から永禄初年ころにつくられ、それが戦いに使われたことは疑いあるまい。さきに紹介した文禄三年（一五九四）二月付吉田善兵衛盛定の岸和田流伝書の「鉄炮之大事」に「ちくし玉の事、たき玉の事、くのめ（ぐのめ）の事、三角玉の事、すずめ（雀）うつ玉の事」とあって、それを裏付けている。

新発見「玉拵之書」

さらにこの事実は天正十三年（一五八五）六月吉日付の宮崎内蔵人佐が南左京亮に授けた伝書「玉こしらへの事」の存在で、なおはっきりする。断簡であるため、流派名は詳らかにできないものの、三〇種類以上の玉を図示して、その拵え方を説明している（歴博所蔵）。どんな玉が、いかに拵えられるか、その技術を知るために注をつけて、その一部をつぎに紹介したい（「　」内が原文、―以下が注）。

「いぬきたま、なまり《鉛》とすず《錫》とうふん《等分》」―鉛と錫の合金で、鉛よりはるかに堅い。そのため射貫、貫通する意味の名称があたえられた。

「ねじ玉、二ツいかた《鋳形》也」―玉鋳形で二個を同時に拵えた玉。

「ひてつはうとおくり玉なり」―ひは火とみて火箭と推測する。鉄炮から火箭を放つばあい、玉薬と矢柄のあいだに玉をいれた、これが送り玉の意味。

「あたりたま、あとさきハりかけにて」―玉三個があり、前後の玉がはりかけとある。ハりかけは張懸の意味か、三つ玉のこと。

「さうはう《双方》ともにハりかけ也、すす《錫カ》玉」―玉二個があり、半分が中空になっている。

「さうはう《双方》同事也、おしこみ玉也」

「あとさきゆるくなかつよく候也」―三つ玉。

「あとさきつよくなかゆるく申す也」―三つ玉。

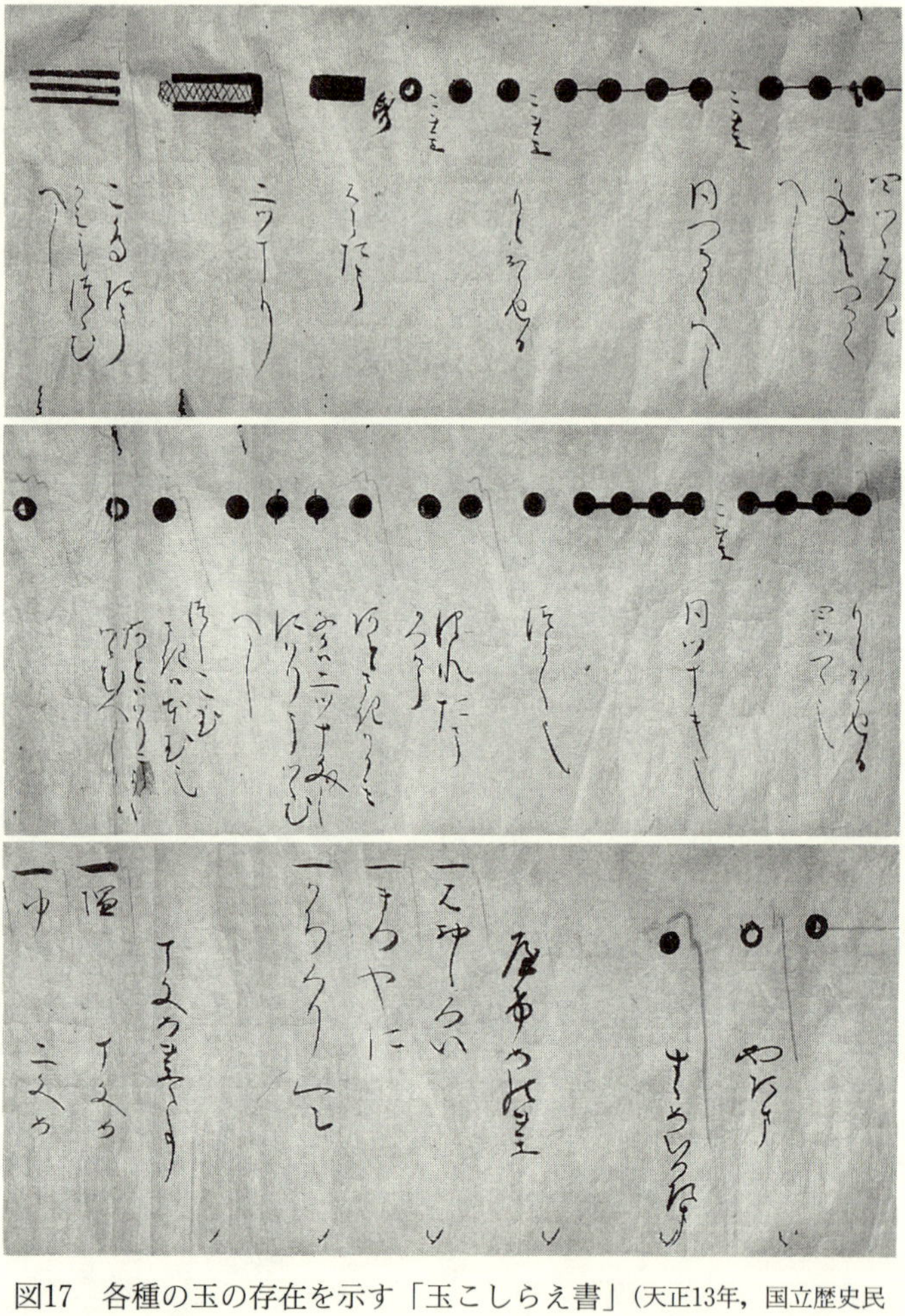

図17　各種の玉の存在を示す「玉こしらえ書」(天正13年，国立歴史民俗博物館蔵)

「さきハりかけ一ツハまるたま」―さきの玉が半分中空。

「いとひき《糸引》たまいれつつの玉也」―玉一個、玉の中央から下に短い線が引いてある。

「つりたま同是ハあたりたま也」

「三かく《角》たま〔　〕《虫損》」―三角の玉。図によれば三角形の玉である。

「あとさきかたふた《片蓋》つく、なかハまるたま也」

「あとさきあかかね《赤銅》なかハなまり《鉛》是ハつくミ玉也」―玉三個、前後が銅、中が鉛、三つ玉。

「一ツなまり、一ツハはりかけおつこミ玉也」―玉二個、二つ玉である。

「こすじ《小筋》かい、つなきハはりかね《針金》也、なかこいまり也、さきハつよく候也」―玉四個を針金でつなぎ、あいだに玉薬をいれて中空の玉をおく。

「立あひたま、三ツともにはりたま也」―長方形の玉三個、あいだに玉薬をいれる。

「水たま、竹にミつヲツキ候ヲサシ同つくべし」

「さけはり《下針》の玉、二ツハツなくもとおらせ、さきハはしたま《端玉》二ツナリ」―針金で二個の玉をつなぎ、その間に玉薬をいれ、さらに長方形の玉二個をいれる。

「大筋かい、四ツつなく、はりかねにて、すなくへし、あいをよりてまく、二ツもとお

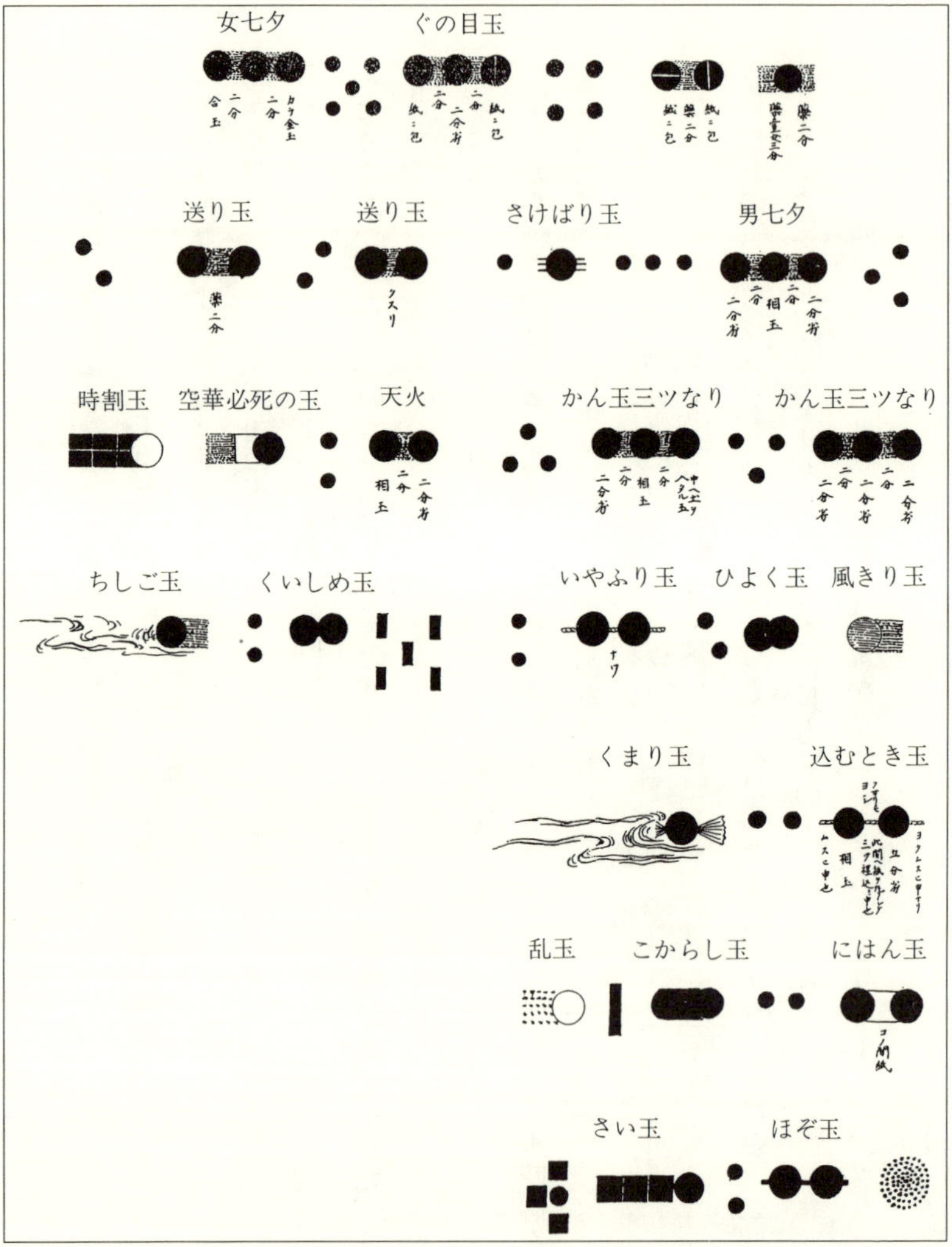

図18　宇多流玉拵書（慶長11年，東京国立博物館蔵）

らせ、つよく」―玉四個を針金でつなぐ、間に玉薬をいれて針金で二個つないだ玉、

そのつぎに中空の玉をいれる。

「もんやふり《（門破り）》、四ツはりかねにてつなくへし、同つなくへし、もとおらせる、はしたま」―四個針金でつなげた玉を二個、丸玉二個、中空の玉一個、その間に紙をいれ、一番はじに長方形の端玉をいれる。

「こ鳥たま、かミ《（紙）》にてつつむへし」―小鳥を打つ玉の意味。

伝書にみる玉の種類

文禄三年（一五九四）二月付の岸和田流伝書の「ちくし玉」「たき玉」の構造は不明だが、三角玉はここにある三角形の玉である。また「くのめの事」は具の目で、はじめに割玉を紙に包んで装塡し、つぎに劣玉一個、さらに紙に包んだ割玉をいれる。筒から放すると、サイコロの五ツ目のようになることからこの名がある（「宇多流初学抄」）。

「門破」はほかの伝書をみると、「鉄にて寸の広さ程に長サ壱寸五分程にして、先を四角六角にとからかし、紙にて二重も三重も張込て放也、此玉にてハ、磐石《ばんじやく》にても抜かざるという事なし」と説明している（「関流玉拵書」）。

さきに引用した慶長十五年（一六一〇）十一月吉日の大久保藤十郎宛の稲富流伝書は、

さまざまな玉の名称をのせている。

ほんのたまの事、ふたつ玉の事、ミつ玉乃事、く乃目の事、女七夕乃事、志やうしかへしの事、つなきたまの事、人乃とう射きる玉之事、わりたまの事、肝要の時之玉乃事、算玉之事、さいたま乃事、きり玉乃事、ゆいきり玉之事、みたれ玉乃事、ひねりたま乃事、志もく玉乃事、六寸乃玉乃事、

慶長十五年二月吉日、上杉氏の炮術師丸田九左衛門盛次は関八左衛門之信に全三一条におよぶ「玉拵書」を授けた。ここにもさまざまな玉の拵え方が詳しく書かれている。長文なので、その一部を紹介するにとどめたい（「関家文書」）。

「至極《しごく》の玉」　五ツ玉なり、いずれも二ツ宛に割り、穴を二ツ宛あけ、糸縄か猫の革を通し、間に二ツふせつつ置より付て、かわうその革にて包、糸にてゆひ、切込て魔縁狐狼、夜の物、其外万物共に人の打当ぬ物をハ七曜九曜、至極の玉にて打へし、尤《もっとも》理也《りなり》、七曜九曜ハ神、至極ハ仏と号す故に至極の玉、其名其心得多しと雖《いえど》も事長し口伝に残ス、右の玉込放し候時、観念してもんをとなへ放べし、口伝条々。

「魂魄《こんぱく》の玉」　薬込め、先ゆるき玉を入れ、カルカにて二つも三つも突き堅め、其後、合玉を込、本の玉と付き合せ、放ばゆるき玉、前後へ行き合い、玉も星へ中《あた》る、又ゆ

るき玉を突き堅め、後の玉を込候時、間を壱寸五分置て、合玉を込、放せばゆるき玉ハ落、合玉は星、又ゆるき玉を突き堅め、其上へ小薬を、二分程込放せば、ゆるき玉は星、合玉は越て中《あた》る、此魂魄の玉は遠近共に用る玉なり、尤玉目大小によらす放つべし、条々口伝多し。

「松笠玉」　玉に小刀にて切かけを松笠の如《ごと》くにして込放つべし、水面すり上げずしてよし。

「うらぬけ」　鋳形に紙を挟み、三ケ二程割鋳て、又小刀にて割り、十文字に割りかけて中の玉の両方を切割候、玉をも割らぬ方を切り揃え、跡先《あとさき》にすり付け、よく締めて、薄き革に包み、脇跡《わきあと》先共に縫合《ぬいあい》込め放なり、此《この》玉にては、前は一つにて抜、口九つに成ゆへ、何程つよき獣も一放しにて留まるなり、ただし、間延《まのび》ては中り不同なり。

「門破」　鉄にて寸の広さ程に、長さ壱寸五分程にして、先を四角六角に尖《とが》らかし、紙にて二重も三重も張込て放なり、此玉にては磐石にても抜かざると云う事なし。

「波くぐり」　鉄炮の寸の内へ弐寸ばかり程に紙を込、鉛を鋳込《いこ》み、取出して、先を三角四角六角に尖らして紙にて一重貼り込て、水底の物を打、壱丈余り深き分は中るなり。

「針金玉」　鋳形に縒《よ》りを細くして挟み、玉を鋳て、針金を三筋通して、両方へ壱寸宛《ずつ》余《あま》らして置き、紙に一重包込んで放す、さげ針糸など打切るによし。

「虎の尾玉」　二つ一つをば縒《よ》りを二筋、鋳形に加えさせ玉を鋳て、二ツの間を三ケ二割、穴を六にして一ツをば、縒りを一筋加えさせ玉を鋳て、上に十文字に筋を付、四筋の針金をなかへ通し、上へ引廻し、さて穴二つ明《あ》き候玉へ、穴一つへ二筋宛通し、其玉を本玉と押付《おしつけ》、針金の余り八筋を縒り糸にて巻き、いつれも針金の先壱分程宛、八筋共に曲げ針金三寸程に置き、紙か革に包み、縒り糸にて巻、柿渋《かきしぶ》を二三返引　乾《かわか》し固めて込放、細物舞鳥、万《よろず》に吉。

こうした各種の玉が一度に考案されたとは思えない。なかには狩猟の得物《えもの》を目的とした玉もあるが、城を焼き崩す鉄炮火箭、城門を破壊する門破りの玉、より貫通力をあげるいぬき玉、玉を拡散させて複数の敵の殺傷を狙った二つ玉や三つ玉、人の胴を射切る玉、その他、もろもろの玉があるが、いずれも実戦の効果を期待して考案された技術である。

永禄末年（一五六九）から元和偃武にいたるまでの間、鉄炮の使用は年を重ねるたびに増加した。戦国大名同士の対立が激化し、さらに天下一統をめざした政権の統一事業が進行した結果であるが、この過程で炮術は玉薬から玉の開発という技術に進歩した。新発見の伝書「玉こしらへの事」はこの事実を見事にしめしている。

天下一の炮術師

謎の多い流祖の履歴

既述したように戦乱のなかで多くの炮術師が輩出した。兵学者日夏繁高《ひなつしげたか》は兵法・諸礼・射礼・馬術・刀術・槍術・砲術・小具足《こぐそく》・柔術の名人列伝の書を著した。『武芸小伝』である。正徳五年（一七一五）、林信如の序をもつ本書の巻八には、炮術の名人として津田監物以下、つぎの九名をあげている（『改定史籍集覧』）。

〔津田監物《けんもつ》〕　紀州那賀郡の小倉人である。砲術を好んで種子島にわたって、奥旨《おうし》を極めた。天文十三年の甲辰三月十五日に種子島を発して紀州に戻ったが、在島は十余年におよんだ。その術を子の自由斎に伝えた。自由斎の術は精妙であった。自由斎の門人は若干ではあったが、奥弥兵衛がその宗をえて、術は神の如しであった。末流は諸州にいるが、この流派を津田流という。

〔泊《とまり》兵部少輔藤原一火〕　筑前の武夫《もののふ》である。砲術を好んで天正年中、種子島に赴いて、在島七年におよび妙旨を極めた。その流に岡田助之丞重勝がおり、一火の伝を得て精妙となり、後に青山大膳亮幸能につかえた。重勝の門人は若干であるが、いまなお、一火流という。

〔田付兵庫助源景澄〕　砲術の達人である。父の美作《みまさか》守景定は江州《ごうしゅう》神崎郡田付村の人で、佐々木の庶胤である。景澄はその芸をもって東照宮（徳川家康）につかえ奉り、後に名を宗鉄と改めた。その子兵庫助景治が芸をうけつぎ、その子の四郎兵衛方円は大猷大君（徳川家光）につかえ奉った。その子四郎兵衛直平が箕裘《ききゅう》の芸をうけつぎ、その名は海内に知れわたった。これを田付流という。

〔井上外記正継〕　播州英賀城主井上九郎左衛門の子である。幼少のころ、父九郎左衛門は豊臣秀吉公が播州を退治した時に戦死した。成人したのち、酒井阿波守忠世に属して、浪速《なにわ》の戦場で首二級をあげた。天下一統ののち、台徳大君（徳川秀忠）につかえ奉り、千石を領した。正継は少年のころより、砲術を好んで精妙になった。門人も多かった。これを井上流という。正保《しょうほ》三丙戌《へいじゅつ》（一六四六）九月十三日、小栗《おぐり》長右衛門の屋敷で長坂丹波守・稲富喜大夫を斬って死なせた。今の世になってもその剛勇振りは著名である。子孫、芸を相続して幕臣の地位にある。

〔田布施《たぶせ》源助忠宗〕　河内《かわち》の人である。天文六丁酉《ていゆう》年（一五三七）四月、南蛮に赴いて鉄砲の奥旨をえた。酒井市之丞正重という者が忠宗から極意をえた。酒井は戸田左門氏鉄につかえ、慶長年中、伏見において砲技を東照宮《（徳川家康）》の台覧に供して、褒美をあたえられた。正重の門人は多く、山内太郎兵衛久重が極意をうけて精妙であった。末流は諸州にある。これを田布施流という。

〔稲富伊賀入道一夢《いちむ》〕　丹後《たんご》田辺の人である。一色《いっしき》家につかえ、後に細川越中守忠興《ただおき》につかえた。砲術を好んで修めて、ついに神妙を得た。慶長甲子の乱後、その芸をもって東照宮《（徳川家康）》につかえ奉る。一夢の名は四海に知れわたった。門人は諸州に若干であるが、末流は多い。この流派を稲富流という。

〔西村丹後守忠次〕　はじめ権之助と号した。どこの国の人かわからないが、鉄砲の奥旨を得た。京都蓮台野で射放し、的中が多く、その妙を称えられた。のちに禁庭において一八間を七放し、命中四、角中三、これにより丹後守に任ぜられ、芳名を千歳に流した。種田木工助が、その芸をうけついだ。浅香四郎左衛門朝光は種田からその宗を得た。この流派を西村流という。朝光は慶長年中の人と伝える。

〔藤井河内守〕一二《いちに》斎とも云い、鉄砲の達人である。事跡は詳らかではない。末流は諸州にいる。

〔三木茂太夫〕播州三木の人である。火術を好んで棒火矢に達した。末流は諸州にある。この流派を三木流という。

江戸幕府鉄炮方の田付と井上の両氏以外の履歴は簡単で、出身地不詳の名人も少なくない。またある書物には根来《ねごろ》の杉坊、河内《かわち》の安見《あみ》、近江の百々《とど》内蔵助などは、落下の針を射る達者とするものの、やはり履歴を欠いている。

藤井一二斎は天下一

日夏繁高の時代、戦乱に生きた諸国遍歴の炮術師の消息は忘れ去られていた。藤井河内守は一二斎流の鉄炮の達人である。その事跡は詳らかでないが、末流は諸州にいると書いたのもやむをえない。ところが、慶長十七年（一六一二）八月十八日、小泉木之介定義が佐谷助大夫にあたえた伝書の奥書には「藤井一二斎輔縄」とあり、文中に「天下無双」とある。写《うつし》ではあるが、慶長十九年九月吉日に田中数馬佐が古山新七に与えた伝書の奥書にも「きん(禁)中御免天下無双」「天下一、

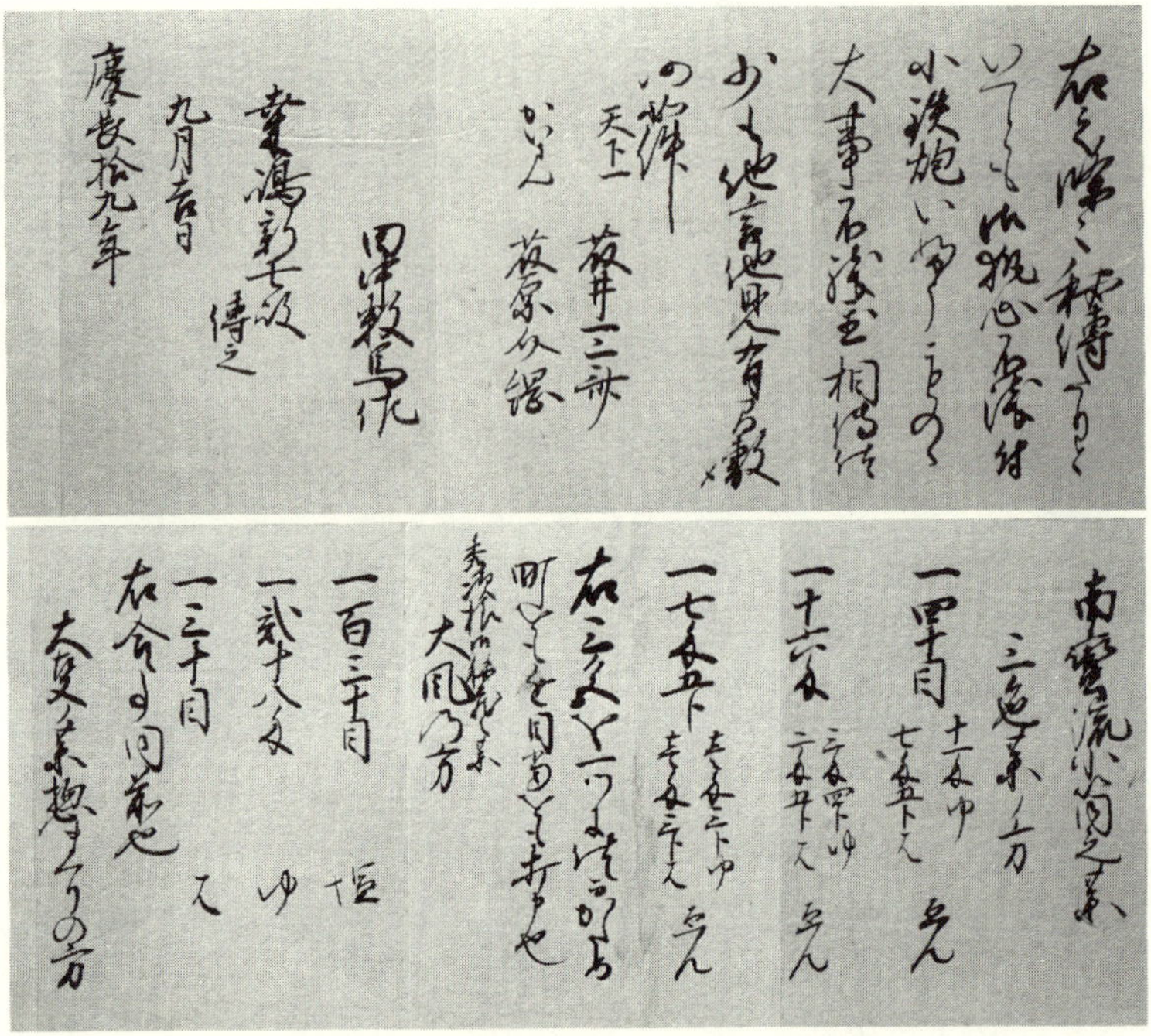

図19　藤井一二斎流伝書の奥書，下は「秀次」の秘蔵の薬を伝える部分（慶長19年９月，国立歴史民俗博物館蔵）

かいさん（開山）藤井一二斎介縄」とある。さらに両伝書には「南蛮流小筒之薬」とか、「南蛮流小鉄炮巻」とあって、この時期、藤井一二斎の流派が南蛮流を称したことがわかる（歴博所蔵）。

『武芸小伝』のいう一二斎流の末流とは、小泉木之介、あるいは田中数馬佐にあたろう。藤井一二斎は慶長十七年八月十八日の伝書の奥書に名をとどめているから、その活動はこれ以前である。はたして慶長十九年九月、田中数馬佐が古山新七に相伝した伝書の「南蛮流小筒之薬」の一節に「秀次様御秘蔵之薬大風乃方」とみえる。秀次《ひでつぐ》は豊臣秀吉の甥で、天正十九年十二月に関白職についたが、やがて秀吉の実子秀頼《ひでより》の誕生によって秀吉と対立し、二十八歳の若さで文禄四年（一五九五）七月に高野山《こうやさん》で自刃した人物である。

秀次は芸能を好んだといわれ、一説に天正十三年十一月九日、柳生但馬守《やぎゅうたじまのかみ》に近江国愛《え》智《ち》郡内で都合一〇〇石の知行をあたえており、兵法にも関心が深かったようだから炮術の嗜《たしな》みがあっても不思議はない。まして藤井一二斎輔縄が「禁中御免天下無双」「天下一、かいさん」という炮術の名人であれば、なおのことである（『史料柳生新陰流』）。

慶長十三年（一六〇八）十二月二十三日、稲富一夢は高弟の浅野幸長《ゆきなが》に書状を出したが、そのなかにつぎの一文がある（「浅野家文書」）。

京衆、各々《おのおの》御所望により、五町にて三ツ内、目当の物、同黒ミに二ツ御打成され候申し上ぐべき様も御座なく候、御手前、御鍛錬好きに御座候につきて、拙者の名迄、御上ケなし下され候儀と存じ奉り候、左様に御手前上り申候へバ、御鉄炮の儀は、天下一と相究め候かと存じ奉り候、弥《いよいよ》御工夫《くふう》御鍛錬尤《もっと》もと奉る事、

稲富一夢は鉄炮の天下一であり、藤井河内守一二斎もまた鉄炮の天下一であった。さらに稲富一夢は高弟の浅野幸長を天下一と激賞した。『武芸小伝』の名人は日夏繁高の評価ではあるものの、いずれも天下一の武芸者とみて差し支えあるまい。

上杉氏炮術の凋落

上杉家の重臣直江兼続《なおえかねつぐ》は多くの炮術師を雇って鉄炮政策を積極的に進めた。京都からよばれた丸田《まるた》九左衛門盛次《もりつぐ》は、そんなひとりであった。関流の祖関八左衛門之信《ゆきのぶ》は、十七歳の慶長十七年二月、それに二十二歳の元和三年三月に丸田から秘伝を授けられた。青年、之信は印可まで進んだが、炮術修業のために上杉氏を離れて江戸におもむいた。

江戸の之信は、幕府の炮術師の稲富宮内重次や井上外記正継、あるいは田付四郎兵衛方円と交わって鍛錬をつんで、技量をあげた。とにかく之信は江戸にあって炮術の稽古に没頭したのである。

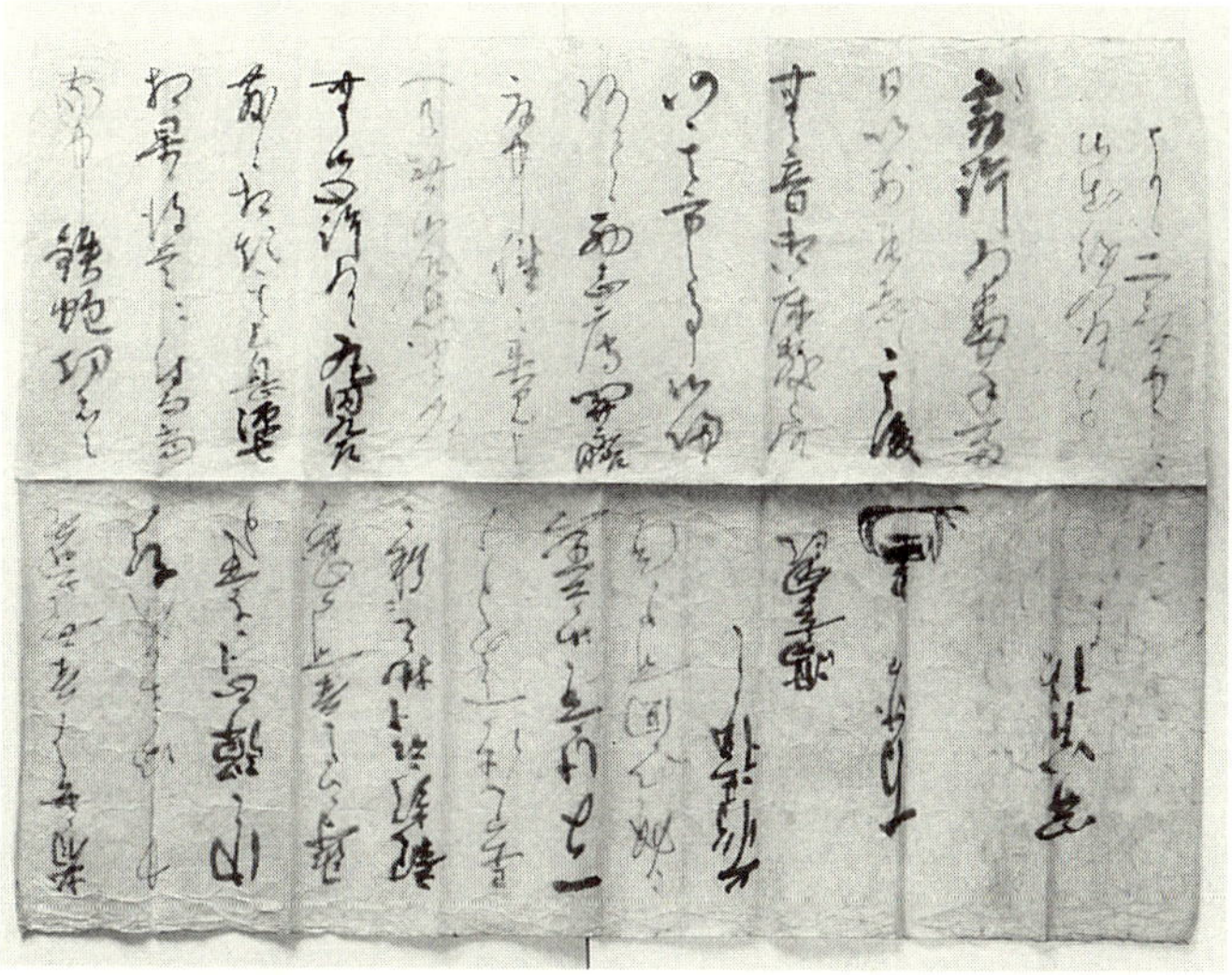

図20　之信の帰参を懇望する島津玄蕃頭利忠の書状（関家文書，茨城・関家蔵）

ここに寛永九年、之信が三十六歳のときに受け取った上杉氏重臣の島《しま》津《づ》玄《げん》蕃《ばの》頭《かみ》利忠《としただ》の手紙が二通ある（「関家所蔵文書」）。はじめの十月二十日付の内容を紹介しよう。

番手《ばんて》をしていたので、二、三日前に帰ってきた。その後、ご無沙汰をしているが、御床敷《おんゆかし》く存じます。その方《（之信）》のこと、こちらに帰ってくるように西志摩守と関主膳が夏中、意見をしたけれども、承知しないと心配している。

こちらでは丸田九左衛門が病気にかかり、その息子の源七も死んだ。このままだと当家中には鉄炮巧者《こうしゃ》がひとりもいなくなってしまう。だから、この冬のうちには、かならず帰参《きさん》してもらいたい。

弾正もその方のこと、いろいろ気遣《きづか》ってくれているから安心して欲しい。親類衆も拙者に意見してくれろというので、一度、こちらにお出いただき、お目に掛かって話をしたい。

追伸には、二、三日中のお出をお待ちしているとある。つぎの十二月十九日の手紙も読んでみたい。

近江からお帰りになったとか、昨日、春日庄兵《かすがしようへい》から手紙で知らせがきた。御太儀《たいぎ》のことに存じます。拙者も駿河《するが》へ使者としてでかけ、中旬に帰国したばかりです。駿河は何事もないので、ご安心下さい。

ところで、その方のこと、たびたび弾正から尋ねられます。それは、この春、公方（徳川家光）様の御前で鉄炮を打つことが決まったかどうかの、お尋ねです。その方が近江にでかけて留守をしていたので、いまだに詳しいことは聞いていません。まだ御前へ罷《まか》りでなければ、土屋民部殿へ御理《おことわり》して召し返すようにします。ともかく、この方においでいただきたい。帰参したとき、身分など、心配のないように千坂伊豆《ちさかいず》にも内々話は

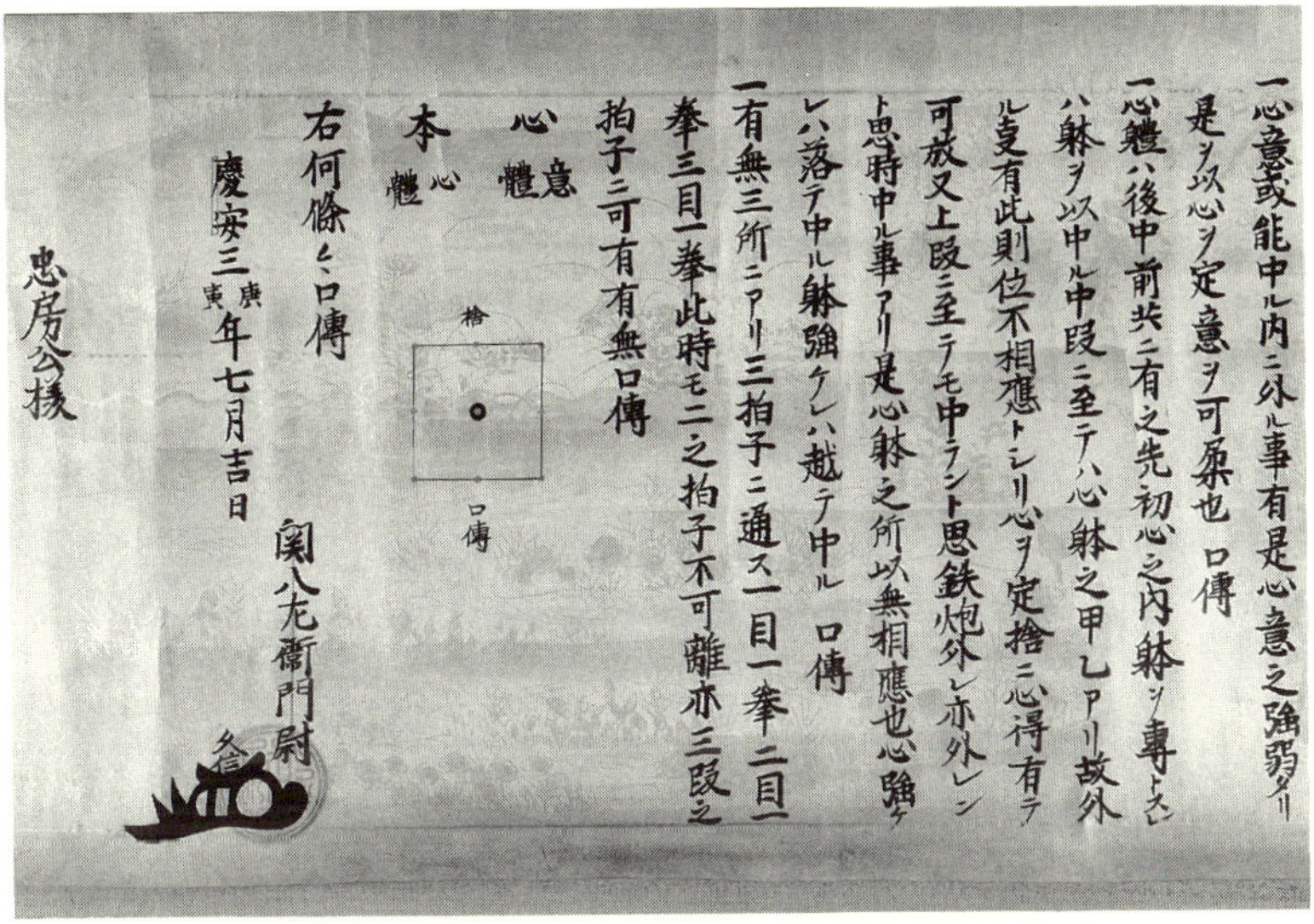

一心意或能中ル内ニ外ル事有是心意之強弱ナリ
是ヲ以心ヲ定意ヲ可棄也　口傳
一心體ハ後中前共ニ有之先初心之内躰ヲ専トスレ
ハ躰ヲ以中ル中段ニ至テハ心躰之甲乙アリ故外
ル支有此則位不相應トシレリ心ヲ定捨ニ心得有テ
可放又上段ニ至テモ中ラント思鉄炮外レ亦外レン
ト思時中ル事アリ是心躰之所以無相應也心強ケ
レハ落テ中ル躰強ケレハ越テ中ル　口傳
一有無三所ニアリ三拍子ニ通ス一目一拳二目一
拳三目一拳此時モニ之拍子不可離亦三段之
拍子ニ可有有無口傳

心 意
心 體
本 心 體

捨
口傳

右何條々口傳
慶安三庚寅年七月吉日
関八左衛門尉
忠房公様

図21　関之信が島原藩主松平忠房にあたえた関流の伝書（松平文庫〈島原図書館内〉蔵）

つけてあるから安心して下さい。

これも追伸に、弾正も来春上洛する前に家中に鉄炮の稽古をさせたいといっている。一刻も急いで帰参していただければ、こちらは仕合せである。万事はお目にかかって承りたい。

島津利忠は信濃出身の豪族、関家の直接の主人、大坂の陣に参陣した経歴がある。西条志摩守は之信の妻の父、関主膳は之信の舎弟、千坂は江戸家老である。要するにこの手紙の人物は、みな上杉家中である。

之信が江戸に上京したあと、上杉家では丸田九左衛門盛次が死に、その跡継ぎの源七も死に、さらに譜代の唐人式部が病死して、鉄炮巧者がいなくなった。これでは上杉家の鉄炮が、いよいよ廃れてしまうので、そこで之信に帰参を懇願したのである。

しかし、之信は門弟である上総久留里《かずさくるり》藩主の土屋利直の家臣になっているから、上杉氏の申し出を断ったことがあきらかである。

戦国武芸者の気骨

表5は之信の町矢附（遠距離射撃の記録）の記録である。ここには幕府の炮術師井上外記、田付四郎兵衛がみえる。井上正継は寛永十二年（一六三五）、新式大筒百余挺を製造した。この大筒は南蛮銅の三貫目の大筒で、こ

れまでのものより目方が十分の一、一〇〇人で担うところ一〇人であつかえる優れもので、命中精度は八町から四〇町におよぶ驚くべきものであった。

この功により正継は寛永十二年（一六三五）に武蔵都筑《つづき》郡と相模で五〇〇石を加増されて、一〇〇〇石の知行取になり、与力《よりき》五騎、鉄炮足軽一〇人、鍛冶六人を預けられて、銃砲の開発に尽力した。しかし、正保三年（一六四六）九月十三日、同役の稲富喜大夫と炮術のことで口論し、悲惨な最期をとげた。

正保三年九月十日、殿中において正継は同役の稲富喜大夫と炮術のことで激論した。その座に長坂丹波・小栗長右衛門がいて、ひとまず和解した。ことの発端は稲富喜大夫が五貫目の玉で五〇町を放つことを願った。「田付四郎兵衛ならばできるが、稲富喜大夫ではむずかしい」と正継が批判した。稲富喜大夫は侮辱《ぶじょく》もはなはだしいと怒った。われがいうのではなく、世間がそう申しておると正継は答えた。その場の雰囲気が険悪になったので、長坂と小栗があいだにはいり、殿中ということもあって、ひとまず事なきを得た。

九月十三日、あらためて長坂丹波宅で仲直りの会がもたれた。会も進み、くだんの一件も落着したので、正継が帰ろうと座を立ったとき、仲裁役の長坂が、もはや怖きこともなければと、正継を引き止めた。この一言が気に障った正継は、長坂を脇差で刺し、さらに

表5　江戸における町矢附

人名	町数	玉目	矢数	玉入
井上外記(正継) 年未詳	指火一〇町	六〇〇 二〇〇 六〇〇 二〇〇 六〇〇 二〇〇	一矢二四間五尺目五六間三尺越 二矢五六間正越 三矢四三間下三三間三尺後 四矢三〇間下前幕御通 五矢四町二八間越 六矢三間前一五間越	
関八左衛門(之信) 寛永四年七月晦日	膝台二二町	二五〇	一矢六間前一八間越 二矢三間後五〇間越 三矢二間前三間越	
井上外記(正継) 正保四年八月二日	指火四〇町	三貫五〇〇	一矢二町五六間後五六間下 二矢五町四六間前一町一〇間下 三矢二町五二間後二六間	九尺一寸 七尺三寸 八尺
田付四郎兵衛(景治)	指火二五町	二貫目	一矢五町三七間一尺越一町二三間二尺前	七尺九寸

			二矢二町五四間二尺越二八間一尺八寸前 三矢二九間一尺前二六間一尺三寸上	八尺三寸 六尺一寸三分
田付四郎兵衛	指火一二町	一貫目より 上の玉目	一矢二町六反上三〇間後 二矢一町上一町後 三矢三〇間前三五間上 四矢三〇間前二九間下 五矢三二間前二五間下	

『町矢附小目当中覚』より。

稲富にも斬りつけた。深手を負った稲富はその場で落命し、小栗も負傷した。正継は急を聞いて駆けつけた長坂の手の衆に囲まれて、手ひどい傷をうけて討たれた。なんとも殺伐とした戦国の気風を残す事件であるが、戦乱に生きた武芸者の気骨が溢れている。

この時期、幕府は国内支配の上で軍事的優位を誇示し、対外的にはポルトガル勢力の進出を沿岸で阻止できる防衛体制を講じる必要があった。この時期の大筒による町打《まちうち》は幕府の軍事に対する姿勢の反映にほかならない。

継承される炮術

上総久留里藩土屋氏の祖は忠直である。忠直には利直、数直（定直）、之直の三人の男子がいた。長男利直は慶長十七年（一六一二）に家督をついで二代藩主となり、寛永三年（一六二六）十二月二十七日に民部少輔に任ぜられた。寛永九年十一月、之信は二十六歳の利直に「筒《つつ》尺《しゃく》本《もと》口《くち》図《ず》方《ほう》師《し》二」を授けた。之信の知行は五〇〇石、二万石の小藩にしては、破格の待遇である。稲富一夢の二〇〇〇石にはおよばないものの、之信も一個の立派な武芸者であった。

その後、之信は寛永十年（一六三三）二月十二日、膝台《ひざだい》二五〇目玉、指火《さしび》三五〇目玉の町打を久留里領内で、また寛文二年（一六六二）の九月と翌年の九月には藩主の臨席をあおいで町打をおこなった。之信には五十二歳の正保四年（一六四七）に生まれた軍兵衛昌《まさ》信《のぶ》と、四歳年少の内蔵助勝信《かつのぶ》がいた。父の指南をうけて兄弟は炮術修業に没頭して、兄の軍兵衛家は国許、弟の内蔵助家は江戸の炮術師として家名と家業を継承した。

江戸に門戸を張って五十有余年、之信は七十五歳の老境にあった。その間、大名・旗本・諸藩士と多くの門弟を育てた。壮年のころ、之信の稽古はひと夏に十五、六度の大名見物をこなして、その稽古ぶりは凄まじいものがあった。

常陸《ひたち》土浦藩土屋氏の祖は忠直の次男数直である。寛文九年（一六六九）老中職のまま、四万五〇〇〇石の常陸土浦城主となった。数直は好学心に溢れた大名で兵学者山鹿素行《やまがそこう》や幕府の儒者林羅山《らざん》の三子で『本朝通鑑《ほんちょうつがん》』を編纂した林忠恕とも親交があった。忠恕は鵞峯《がほう》と号したが、『鵞峯文集』のなかに「関氏鳥銃記」がある。そこで之信は大筒の名人で、二五〇目玉の抜山銃《ばっさんじゅう》を放ち、その子軍兵衛尉昌信もまた十六歳で二五〇目玉の大筒を放ち、十七歳になると、上総の久留里で重さ六〇キロもある三〇〇目玉の震天銃《しんてんじゅう》と称する大筒を放ったと、之信父子の炮術を激賞している。林忠恕が「関氏鳥銃記」を著したのは、数直との親交によるが、これは藩主の炮術に対する理解と、藩主に近接した之信の姿を伝えている。大名の炮術見物が象徴するように、武芸者がひたすら武芸に興じる戦乱の時代は終焉をむかえつつあった。之信は寛文十一年（一六七一）六月七日、七八年の鉄炮道に精進した生涯を江戸の小石川の藩邸でとじた。

図22　関八左衛門之信画像（茨城・関家蔵）

天下一号の禁止

それから一〇年後、徳川氏の政権が安定した五代将軍綱吉の天和二年（一六八二）に、つぎの法令によって天下一の呼称は全面的に禁止された。

覚

一、町中にて諸事に天下一之字書付・彫付・鋳付候儀、自今以後、御法度に候間、向後、何によらず、天下一之字付申間敷候《もうすまじく》、勿論《もちろん》只今まで有来候鑑判・鋳形・板木・書付等まで、早々削り取申すべく候、若《もし》、違背《いはい》仕ものこれあるにおいては、急度《きっと》、曲事《くせごと》申しつくべき者也、

戸田茂睡《とだもすい》の『御当代記』の天和二年八月の条によると、天下一の号を彫ったものだけではなく、金銀の箔で拵えた看板や、金銀の屏風を用いてもならぬというお触れが出たので、急に金銀箔の結構な看板を壊して火に入れて焼き、黒塗や木地の看板には天下一の字を消したり、紙で張りかくしたりしたが、人々の評判では、今さら天下一の号を消すのは忌々《いまいま》しい、と言い合ったと伝えている（桑田忠親『豊臣秀吉研究』）。かくして炮術の天下一も砲技を競うことを禁止され、炮術の天下一も影をひそめた。いままで炮術三昧《ざんまい》の日々を送っていた炮術師は知行取の近世家臣に転身し、大名屋敷や幕府の角場《かくば》や町場《まちば》という稽古場において武芸のための炮術に打ち込むよりほかはなかった。この結果、炮術師は身分制社会のなかで、いかに家名の存続をはかり、なおかつ家業を継承するかに腐心しなければな

らなかった。ここにいたって戦いに密着した一期の炮術は完全に終焉を迎えたのである。

あとがき

本書を書き終える頃、花ヶ崎盛明氏の『中世越後の歴史』を開いたところ、御館の乱の遺跡から出土した鉄炮関連の遺物の写真が目にとまった。時代が確定できる遺物なので、早速、新潟県の上越市教育委員会に御面倒をかけて、現品を調査させていただいた。が、このとき、昭和四十九年に市内の長池山から出土した二四個の玉を見せられて思わず驚いた。そのなかに半球の玉があったからだ。この遺跡が慶長以前であることは出土品の調査から疑いなく、断定はできないものの、御館の乱のころでもおかしくはないらしい。

ともかく貴重な発見なので、あわてて本書で紹介したが、宮崎内蔵人佐が南左京亮に授けた天正十三年六月付の伝書「玉こしらへの事」をみると、半球の玉を「かたふた」とし、かたふたを二つ、真中に丸玉をおいた三つ玉のひとつと説明している。出土の半球の玉がこの「かたふた」にちがいあるまい。「かたふた」は片蓋の意味であろう。

これは文献と遺物が一致した稀有の例であり、この遺物の発見によって伝書の史料的価値が確定し、なおかつ遺品の正体が明らかになったことは、まことに意義深い。

和流炮術や銃砲の歴史研究は盛んではない。それはこの分野に対する一般の人々や歴史研究者の関心が薄いためだとはじめに書いた。たしかにそうかも知れないが、研究史を振り返ると、こちらの側、すなわち、銃砲の研究者にも問題がないではない。いやしくも史というからには歴史的推移が解明されなければならないのに、この視点が、どうも弱い気がしてならないのである。一般の人々や歴史研究者が、この分野に魅力を感じないのは、このあたりに起因しているのかも知れない。

刀剣や弓矢、甲冑にくらべて鉄炮、あるいは炮術に関する文献史料と実物資料の量は、比較的恵まれている。ひろく文献史料を蒐集し、なおかつ伝世品や出土品の実物資料を活用しながら、なんとか説得力のある鉄炮、あるいは炮術の歴史の実像を描けないものかと、本書を執筆した。

はたしてこの試みが成功し、この分野に対する一般の人々や歴史研究者の知的好奇心をわずかでもかきたてることができれば、それは望外の喜びであるが、これはもう読者の判断におまかせするよりしかたがない。

昨年の末、吉川弘文館の編集者から、歴史文化ライブラリーへの原稿の依頼があった。炮術史、あるいは銃砲史という特殊な分野を専門とする筆者としては、ひとりでも多くの方々に、この分野の研究を御理解いただく好機、とばかりにお引き受けした。機会をいただいた吉川弘文館、それに巻末の参考文献にお名前をあげさせていただいた史・資料の提供者の各位と各機関、とりわけ、筆者の勤務する国立歴史民俗博物館に対して、深甚の謝意を表して擱筆したい。

二〇〇二年八月

宇田川武久

参考文献（主要なものに限定した）

【史　料】

「関正信所蔵文書」（土浦市関家所蔵）
「稲富流伝書」ほか本文で歴博蔵とした炮術伝書類（国立歴史民俗博物館所蔵）
「編年上杉家記」（米沢市立図書館所蔵、マイクロフィルム）
『大日本史料』（第十編、第十一編、第十二編）
「上杉家文書」（『大日本古文書』家わけ第十二）
「伊達家文書」（『大日本古文書』家わけ第十六）
「島津家文書」（『大日本古文書』家わけ第十六）
「浅野家文書」（『大日本古文書』家わけ第二）
『越佐史料』（高橋義彦編、同人刊、一九二八年）
『石山本願寺日記』（植松寅三編、大阪府立図書館、一九三〇年）
『編年大友史料』（田北学編、金洋堂、一九三八年）
「上井覚兼日記」（『大日本古記録』、一九五四～五五年）
『萩藩閥閲録』（山口県立文書館、一九六〇～七一年）
『後鑑』（新訂増補国史大系37第四編、吉川弘文館、一九六五年）

『静岡県史料』（角川書店、一九六六年）
『日本武道全集』第四巻（人物往来社、一九六六年）
『信長公記』（奥野高廣・岩澤愿彦編、角川書店、一九六九年）
『織田信長文書の研究』（奥野高廣、吉川弘文館、一九六九年）
『清水市史料』（吉川弘文館、一九七〇年）
『千葉県史料』中世編（角川書店、一九七〇年）
『信濃史料』（信濃史料刊行会編、一九七一年）
『武蔵鉢形城主北条氏邦文書集』（後北条氏研究会編、一九七一年）
『日本教会史』上（大航海時代叢書、岩波書店、一九七三年）
『異国往復書翰集』（村上直次郎訳注、雄松堂、一九七五年）
『岩槻城主太田氏房文書集』（井上恵一、後北条氏研究会編、一九七九年）
『新編一ノ宮市史』（補遺二、一九八〇年）
『戦国遺文』（杉山博・下山治久、東京堂出版、一九八五〜二〇〇〇年）
『新編埼玉県史』（資料編六、一九八〇年）
『群馬県史』（資料編七、一九八五年）

【文　献】

『藩制成立史の総合研究米沢藩』（藩政史研究会編、吉川弘文館、一九六三年）

『戦乱と人物』（高柳光寿編、吉川弘文館、一九六四年）
『火縄銃』（所荘吉、雄山閣出版、一九六四年）
『図解古銃事典』（所荘吉、雄山閣出版、一九七一年）
『言継卿記――公家社会と町衆文化の接点――』（今谷明、そしえて、一九八〇年）
『鉄砲』（洞富雄、思文閣出版、一九九一年）
『東アジア兵器交流史の研究』（宇田川武久、吉川弘文館、一九九三年）
『江戸の炮術』（宇田川武久、東洋書林、二〇〇〇年）

著者紹介

一九四三年　東京都に生まれる

一九七四年　国学院大学大学院文学研究科日本史学専攻博士課程修了

現在　国立歴史民俗博物館教授

主要著書

瀬戸内水軍　日本の海賊　鉄炮伝来　東アジア兵器交流史の研究　鉄炮と石火矢　江戸の炮術

歴史文化ライブラリー

146

鉄砲と戦国合戦

二〇〇二年（平成十四）十一月一日　第一刷発行

二〇〇七年（平成十九）四月一日　第二刷発行

著　者　宇《う》田《だ》川《がわ》武《たけ》久《ひさ》

発行者　前田求恭

発行所　株式会社　吉川弘文館

東京都文京区本郷七丁目二番八号

郵便番号一一三―〇〇三三

電話〇三―三八一三―九一五一〈代表〉

振替口座〇〇一〇〇―五―二四四

http://www.yoshikawa-k.co.jp/

印刷＝株式会社　平文社

製本＝ナショナル製本協同組合

装幀＝山崎　登

ISBN978-4-642-05546-8

歴史文化ライブラリー

1996.10

刊行のことば

現今の日本および国際社会は、さまざまな面で大変動の時代を迎えておりますが、近づきつつある二十一世紀は人類史の到達点として、物質的な繁栄のみならず文化や自然・社会環境を謳歌できる平和な社会でなければなりません。しかしながら高度成長・技術革新にともなう急激な変貌は「自己本位な刹那主義」の風潮を生みだし、先人が築いてきた歴史や文化に学ぶ余裕もなく、いまだ明るい人類の将来が展望できていないようにも見えます。このような状況を踏まえ、よりよい二十一世紀社会を築くために、人類誕生から現在に至る「人類の遺産・教訓」としてのあらゆる分野の歴史と文化を「歴史文化ライブラリー」として刊行することといたしました。

小社は、安政四年(一八五七)の創業以来、一貫して歴史学を中心とした専門出版社として書籍を刊行しつづけてまいりました。その経験を生かし、学問成果にもとづいた本叢書を刊行し社会的要請に応えて行きたいと考えております。

現代は、マスメディアが発達した高度情報化社会といわれますが、私どもはあくまでも活字を主体とした出版こそ、ものの本質を考える基礎と信じ、本叢書をとおして社会に訴えてまいりたいと思います。これから生まれでる一冊一冊が、それぞれの読者を知的冒険の旅へと誘い、希望に満ちた人類の未来を構築する糧となれば幸いです。

吉川弘文館

歴史文化ライブラリー

中世史

源 義経 ―― 元木泰雄
弓矢と刀剣 中世合戦の実像 ―― 近藤好和
騎兵と歩兵の中世史 ―― 近藤好和
運 慶 その人と芸術 ―― 副島弘道
鎌倉北条氏の興亡 ―― 奥富敬之
北条政子 尼将軍の時代 ―― 野村育世
乳母の力 歴史を支えた女たち ―― 田端泰子
曽我物語の史実と虚構 ―― 坂井孝一
執権《しっけん》時頼《ときより》と廻国《かいこく》伝説 ―― 佐々木 馨
親 鸞 ―― 平松令三
日 蓮 ―― 中尾 堯
捨《すて》聖《ひじり》一遍 ―― 今井雅晴
蒙古《もうこ》襲来 対外戦争の社会史 ―― 海津一朗
神風の武士像 蒙古合戦の真実 ―― 関 幸彦
悪党の世紀 ―― 新井孝重
地獄を二度も見た天皇 光厳院《こうごんいん》 ―― 飯倉晴武
東国の南北朝動乱 北畠親房と国人 ―― 伊藤喜良
平泉中尊寺 金色堂と経の世界 ―― 佐々木邦世
中世の奈良 都市民と寺院の支配 ―― 安田次郎
日本の中世寺院 忘れられた自由都市 ―― 伊藤正敏
庭園の中世史 足利義政と東山山荘 ―― 飛田範夫
中世の災害予兆 あの世からのメッセージ ―― 笹本正治
土一揆の時代 ―― 神田千里
蓮 如 ―― 金龍 静
中世武士の城 ―― 斎藤慎一
武田信玄 ―― 平山 優
歴史の旅 武田信玄を歩く ―― 秋山 敬
武田信玄像の謎 ―― 藤本正行
戦国大名の危機管理 ―― 黒田基樹
鉄砲と戦国合戦 ―― 宇田川武久
よみがえる安土城 ―― 木戸雅寿
加藤清正 朝鮮侵略の実像 ―― 北島万次
ザビエルの同伴者 アンジロー 戦国時代の国際人 ―― 岸野 久

歴史文化ライブラリー

歴史文化ライブラリー

藤原摂関家の誕生 平安時代史の扉——米田雄介
安倍晴明 陰陽師たちの平安時代——繁田信一
源氏物語の風景 王朝時代の都の暮らし——朧谷 寿
地獄と極楽 『往生要集』と貴族社会——速水 侑
古代の道路事情——木本雅康
古代の神社と祭り——三宅和朗
卑賤観の系譜——神野清一
各冊一七八五円 ＊印のみ一九九五円(各5%の税込)
▽残部僅少の書目も掲載してあります。品切の節はご容赦下さい。